Ashutosh Mishra

Alterações climáticas: Mito ou realidade

ScienciaScripts

Imprint

Cover image: www.ingimage.com

This book is a translation from the original published under ISBN 978-3-659-71674-4.

Publisher:
Sciencia Scripts
is a trademark of
Dodo Books Indian Ocean Ltd. and OmniScriptum S.R.L publishing group

120 High Road, East Finchley, London, N2 9ED, United Kingdom
Str. Armeneasca 28/1, office 1, Chisinau MD-2012, Republic of Moldova, Europe
Printed at: see last page
ISBN: 978-620-7-95667-8

Índice:

Prefácio

O clima é o estado médio do tempo (condições da atmosfera num determinado local e momento, com referência à temperatura, pressão, humidade, vento e outros elementos meteorológicos fundamentais) ao longo de várias décadas. Num sentido mais lato, inclui não só as condições médias, mas também as estatísticas associadas (frequência, magnitude, persistência, tendências, etc.), enquanto as alterações climáticas se referem a "uma mudança no estado do clima que pode ser identificada (por exemplo, utilizando testes estatísticos) por alterações na média e/ou na variabilidade das suas propriedades, e que persiste por um período alargado, tipicamente décadas ou mais (IPCC, 2013, p.126)[1] .
O clima muda naturalmente, mas pensa-se cada vez mais que as actividades humanas estão a alterar esta variabilidade natural através de alterações na química atmosférica.
Há alarmistas que afirmam que os humanos ultrapassaram a ciclicidade natural, mas há também os negacionistas que refutam a mudança. O tema da tese *Alterações climáticas: Mito ou Realidade* é, no entanto, cético e baseia-se na filosofia aristotélica de que um pensamento deve ser considerado sem ser aceite. Não há dúvida de que o clima está a mudar. Mas também já mudou no passado. E não temos um conhecimento sólido do passado.
Uma vez que os registos modernos do clima só começaram na década de 1880, dependemos de proxies para determinar os padrões climáticos antes do início da manutenção de registos. No entanto, estas reconstruções paleoclimáticas baseadas em proxies são espacialmente incompletas e contêm grandes incertezas causadas por ruído não climático, métodos de reconstrução, erros de medição e compreensão inadequada da resposta do proxy às variações ambientais.
Além disso, os registos instrumentais disponíveis do clima atual também são discutíveis. Estes dados provêm, em grande parte, de estações de medição terrestres, quando dois terços do planeta estão cobertos de água. Estas medições herdam frequentemente o efeito de sazonalidade das zonas urbanas próximas e é por isso que os registos de satélite mostram uma taxa de aumento da temperatura muito inferior à das estações terrestres de superfície.[1]
Para além destas incertezas de medição, as simulações de modelos do cenário climático futuro também são controversas. Estes modelos simulam muitas vezes tendências precisas para as condições climáticas actuais, mas não conseguem corresponder aos registos observacionais quando fazem previsões a posteriori.
O fracasso destes modelos à escala global na reprodução do cenário real devido a uma parametrização incorrecta exige, portanto, uma análise mais intensa do sistema climático a escalas mais pequenas. Reconhecendo esta oportunidade, o presente trabalho centra-se na exploração das alterações climáticas a nível regional e local, escolhendo Uttarakhand como área de estudo. No entanto, estas alterações foram também analisadas a nível nacional para obter resultados mais generalizados.
A tese, dividida em 6 capítulos, descreve as alterações em curso no clima em termos de variabilidade da temperatura e da precipitação, identificando também os agentes forçadores.
Chapter 1 introduz o debate sobre as alterações climáticas e descreve a sua evolução histórica ao longo de um determinado período de tempo. A mudança cronológica no discurso sobre as alterações climáticas também faz parte do capítulo, juntamente com os objectivos, as hipóteses e a metodologia. Apresenta também um esboço do estudo e uma breve introdução à área de estudo.
Chapter 2 trata dos antecedentes conceptuais. Refere as formas naturais e humanas de afetar o clima e destaca as numerosas reacções de equilíbrio do sistema climático. Discute também a evolução e a importância dos modelos nos estudos sobre as alterações climáticas, bem como os seus pontos fracos.
As alterações climáticas a nível nacional foram analisadas no Capítulo 3. Examina os padrões de temperatura e de precipitação do país durante um período de 102 anos, utilizando a análise de regressão. O capítulo também investiga a relação entre a temperatura e os padrões de precipitação.
O meio físico-cultural da área de estudo, ou seja, Uttarakhand, foi apresentado no Capítulo 4. Nele se descrevem os recursos físicos e humanos, bem como a economia da zona de estudo.
O capítulo 5 analisa em profundidade as alterações de temperatura e precipitação em Uttarakhand às escalas anual, sazonal e mensal.
As conclusões do estudo são apresentadas no Capítulo 6. Apresenta também algumas sugestões políticas para

[1] Cubasch, U., D. Wuebbles, D. Chen, M.C. Facchini, D. Frame, N. Mahowald, e J.-G. Winther (2013). Introduction. In: *Climate Change 2013: The Physical Science Basis*. Contribuição do Grupo de Trabalho I para o Quinto Relatório de Avaliação do Painel Intergovernamental sobre Alterações Climáticas [Stocker, T.F., D. Qin, G.-K. Plattner, M. Tignor, S.K. Allen, J. Boschung, A. Nauels, Y. Xia, V. Bex e P.M. Midgley (eds.)]. Cambridge University Press, Cambridge, Reino Unido e Nova Iorque, NY, EUA

fazer face à crise que pode surgir das tendências emergentes.

Agradecimentos

A presente investigação é o resultado de várias contribuições, mas, de facto, foi "o senhor" que depositou confiança em mim e me tornou capaz de pensar de forma ponderada. Tenho a sorte de trabalhar sob a orientação de um geógrafo tão lendário e de um grande mentor, o Prof. H.N. Misra. H.N. Misra. E tu és tão paternal que não tenho palavras para descrever a minha gratidão. Estou em dívida até às raízes.

P. S. Tiwari por toda a sua atenção e sugestões, e à Professora Manorama Sinha pelo seu grande apoio.

Estou imensamente grato ao Prof. H. S. Sharma pelas suas perguntas espantosas que me ajudaram muito a seguir o caminho.

Agradeço também ao Prof. B.N. Mishra, ao Prof. S.S. Ojha, ao Prof. Alok Dubey, ao Prof. A.R. Siddiqui, ao Dr. Sudhakar Tripathi e à Dra. Vandana Shukla pelas suas sugestões cruciais. Estou igualmente grato ao pessoal do departamento de geografia pela sua preciosa assistência.

Devo muito aos meus mais velhos Raj Kumar Mishra, Roli bhabhi, Amit Mishra, Sanjana Mishra, Priyanka di, Ashish Bhaiya, Anamika Mishra, Madhulika Mishra, Ajay Sharma, Sarita di, Naveen Tripathi, aos amigos Abhishek, Santosh, Shangrila, Arun, Satyendra, Sarvesh, Pooja, Savita e aos jovens Anurag, Alok, Ravi, Mridula, Dinesh, Madhu, Deepti e a todos os que ficaram, pelos seus cuidados e apoio.

Agradecimentos também às memórias vitalizantes da falecida smt. Shanti Misra e da irmã Mandvi. Elas mantiveram-me calmo nos momentos mais frágeis.

E, por último, os meus pais. Estou-lhes grato por tudo. É claro que eles são a fonte de todos os meus esforços e são o lar de todos os meus sucessos e fracassos.

(Ashutosh Mishra)

Capítulo 1

Introdução

O clima proporciona a base para a vida na Terra. Molda vários ecossistemas e habitats em todo o mundo e, à medida que muda, a ecologia, as espécies e as populações também mudam. A evolução humana, em si mesma, é um resultado da mudança dos cenários climáticos. Tem uma influência vital na vida humana e determina a sua alimentação, ocupações, modos de vida e hábitos (Huntington, 1915:3). A importância do clima e da pureza atmosférica para a nossa existência é conhecida desde tempos imemoriais e a preocupação humana em conservá-la pode ser melhor percepcionada a partir deste verso do Yajurveda:

द्यां मा लेखीरन्तरिक्षं मा हिंसी:।

"Não destruam nada do céu e não poluam o céu. Não destruas nada deAntariksha." (Yajurveda, 5.43).

À medida que crescemos em número e em competências tecnológicas, cresceu também a preocupação de manter a serenidade atmosférica. Mas, para alimentar e satisfazer as necessidades crescentes de uma população cada vez maior, tivemos de utilizar os recursos mais rapidamente e, obviamente, este reforço económico deteriorou o ambiente. Este duelo entre a necessidade e o bem estar deu origem a duas vertentes da filosofia ambiental. A primeira defende que o estado natural do universo é de uma estabilidade infinita, enquanto a segunda também vê o estado natural do universo como estável, mas defende que este se desestabilizou devido às acções humanas. No entanto, ambas confessam o papel humano na alteração do clima, mas com resultados diferentes em mente.

As alterações climáticas são uma realidade ou um mito. Esta é uma questão que nos inquieta há já algum tempo. No entanto, os geógrafos têm feito muito pouco para resolver esta questão. O presente trabalho é uma tentativa modesta de resolver esta questão, pelo menos parcialmente.

Revisão da literatura

O debate sobre o papel das actividades humanas na degradação ambiental e nas alterações climáticas não é novo e remonta à tradição intelectual de dois proeminentes académicos ingleses, Thomas Malthus (1798) e William Stanley Jevons (1865), que temiam que a procura de recursos acabasse por ultrapassar a oferta. Malthus é bem conhecido pelo seu

A visão de que a população se expande exponencialmente enquanto a oferta de alimentos se expande aritmeticamente, com o desequilíbrio a acabar por condenar a sociedade. O economista Jevons centrou-se na natureza finita dos recursos. Em particular, analisou o carvão, que alimentava o Império Britânico. Com uma oferta finita de carvão, argumentou, as novas tecnologias aumentariam o consumo de carvão e ameaçariam a viabilidade da economia a longo prazo. Embora o Barão C.-L. de Montesquieu (1758) seja, sem dúvida, o pensador mais conhecido sobre o tema do determinismo climático, outros, nomeadamente o Abade Du Bos (1748), David Hume (1775) e Thomas Jefferson (1787), observaram que as alterações climáticas exerciam uma influência direta sobre os indivíduos e a sociedade e que a ação humana estava diretamente envolvida na alteração do clima. Este pensamento deu origem a um movimento anti-crescimento que acabou por alimentar o movimento ambientalista moderno.

Esta preocupação ambiental surgiu no contexto da utilização maciça de combustíveis fósseis - em especial o carvão - que estava a transformar as economias europeias no final do século XIX e início do século XX. Já na década de 1850, centros industriais como Manchester (Inglaterra) eram famosos por se rodearem, a si próprios e às zonas rurais próximas, de uma sombra de fumo de carvão. Do outro lado do Atlântico, os viajantes escreviam sobre o grande estandarte de neblina que anunciava a aproximação a Chicago do outro lado das pradarias na década de 1880. Para o químico sueco Svante Arrhenius (1896), estas paisagens representavam a crescente apetência da indústria moderna por combustível. Para satisfazer as necessidades industriais, argumentou, toneladas de carbono, enterradas na terra durante milhões de anos, estavam a ser rapidamente dissolvidas diretamente na atmosfera. O ritmo a que isto estava a acontecer, na altura como agora, era historicamente sem precedentes. Quando esta observação foi associada à propriedade bem estabelecida de captura de calor do dióxido de carbono e de outros gases atmosféricos, a perspetiva de uma atividade humana geradora de gases que conduzisse a um aquecimento da atmosfera terrestre tornou-se uma possibilidade perturbadora (Fourier, 1824; Tyndall, 1861; Callendar, 1938). Com o passar do tempo, esta teoria simples e a física incontroversa dos gases que lhe está subjacente tornaram-se tão convincentes que são atualmente a espinha dorsal de um esforço de investigação internacional para desvendar os padrões muito mais complexos do comportamento atmosférico global.

Apesar do facto de a maior parte do aquecimento medido nas temperaturas médias globais ter ocorrido antes de 1940, os cientistas durante este período estavam confiantes de que o carbono libertado para a atmosfera era mantido em equilíbrio pela capacidade dos oceanos da Terra de o absorverem em grandes quantidades (Hogbom, 1894; Chamberlin, 1897). Foi apenas na década de 1950, um período de inovação nas ciências geofísicas e atmosféricas, que se iniciou uma investigação concertada sobre o tema dos gases com efeito de estufa.

A maré da opinião científica começou a mudar quando Roger Revelle, trabalhando no Scripps Institution of Oceanography da Universidade da Califórnia, em San Diego, propôs que o volume de dióxido de carbono na atmosfera terrestre estava fora de equilíbrio com a capacidade dos oceanos e das massas de terra para o absorver (Revelle e Suess, 1957). Revelle conseguiu provar este facto através da realização de várias experiências de medição do teor de carbono no ar e nos sedimentos do fundo do mar. Foi sob a sua supervisão que foi criada a estação de monitorização do dióxido de carbono em Mauna Loa, no Hawaii. As leituras desta estação e de uma outra, mais nova, na Antárctida, estabeleceram que o dióxido de carbono atmosférico tem aumentado constantemente desde 1957 e que isso é o resultado das actividades humanas (Keeling, I960).

A investigação centrada na ciência do clima ganhou ímpeto na década de 1970, quando as questões do crescimento da população mundial e da crise energética relacionada com o petróleo se tornaram temas de grande preocupação tanto para o público como para os decisores políticos. Estes últimos procuravam compreender as consequências prováveis de um mundo cada vez mais dependente da energia derivada de combustíveis fósseis, especialmente de um potencial aumento da utilização do carvão. Embora a consciência do papel das emissões de gases com efeito de estufa nas alterações climáticas estivesse a aumentar nessa altura, a legislação energética e ambiental dos anos 70 e 80 em muitos países foi motivada, em grande parte, pelo interesse em reduzir a sua dependência do petróleo estrangeiro e em diminuir as emissões causadoras de chuvas ácidas dos automóveis e das centrais eléctricas.

O aumento do interesse na combustão de combustíveis fósseis e nas alterações climáticas durante a década de 1980 levou a que organizações governamentais e não governamentais começassem a patrocinar a investigação em ciências climáticas. No centro deste esforço esteve a criação, pelas Nações Unidas, do Painel Intergovernamental sobre as Alterações Climáticas (IPCC) em 1988, que lançou as bases para um programa de investigação internacional.

Uma vez que a ciência das alterações climáticas envolve muitos gases - alguns naturais, outros sintéticos - e o seu impacto num sistema muito complexo, o maior desafio para os investigadores do clima tem sido isolar ligações precisas de causa e efeito. As medições instrumentais necessárias têm frequentemente de ser reunidas a partir de uma série de conjuntos de dados heterogéneos provenientes de todo o mundo e reconstruídos a partir do registo histórico. Esta recolha exaustiva de informações, juntamente com a experimentação direta, é fundamental para diferenciar o sinal de aquecimento do clima do ruído de fundo da variabilidade climática natural. Um dos objectivos fundadores do IPCC foi organizar um esforço internacional coordenado para fazer avançar a compreensão científica da atmosfera e da sua resposta aos combustíveis fósseis e a outras emissões induzidas pelo homem. Na altura do primeiro relatório do IPCC, a monitorização das alterações climáticas era uma tarefa para a qual a infraestrutura científica não estava desenvolvida. Devido à escassez de dados existentes, o PIAC apelou, em cada um dos seus relatórios (1990, 1996, 2001, 2007, 2013), a melhorias nas capacidades de simulação por computador, a um aumento do alcance e da precisão dos dados observacionais e a novos esforços internacionais para monitorizar o clima.

Na década de 1990, a perspetiva das alterações climáticas surgiu como uma questão de pleno direito, suficiente para justificar a consideração de certas medidas políticas relacionadas com a energia e a tecnologia. O Protocolo de Quioto de 1997 é o exemplo mais conhecido desta situação, mas existem várias investigações muito mais específicas que exploram formas de atenuar os impactos antropogénicos no ambiente e nas alterações climáticas.

Mudança de paradigma no discurso sobre as alterações climáticas

A descoberta do buraco na camada de ozono estratosférico e a publicação do relatório da Comissão Brundtland - O Nosso Futuro Comum (Nações Unidas), em 1987, deram origem a uma onda de sensibilidade ambiental que atingiu o seu auge na Conferência das Nações Unidas sobre Ambiente e Desenvolvimento (CNUAD), realizada em 1992, no Rio de Janeiro. Embora uma vaga anterior de atividade ambiental, que culminou na Conferência de Estocolmo de 1972 e na criação, alguns anos mais tarde, do Programa das Nações Unidas para o Ambiente (PNUA), tenha tido tendência para se concentrar em formas de poluição locais, agudas e relativamente reversíveis - por exemplo, derrames de petróleo e descargas de resíduos perigosos no mar - através da regulamentação de poluentes específicos, o ciclo mais recente da atividade ambiental diz respeito a ameaças globais irreversíveis e a longo prazo, como a destruição da camada de ozono estratosférico, a perda de diversidade biológica e o aquecimento com efeito de estufa, e tem-se centrado não só na proteção ambiental em si, mas também nas políticas económicas e sociais mais gerais necessárias para alcançar o desenvolvimento sustentável (Clark 1989). O desenvolvimento da consciência das alterações climáticas pode ser enquadrado em cinco fases:

1. O período de fundação, durante o qual se desenvolveu a preocupação científica com o aquecimento global;
2. A fase de definição da agenda, de 1985 a 1988, em que as alterações climáticas passaram de uma questão científica para uma questão política;
3. Um período de pré-negociação de 1988 a 1990, quando os governos se envolveram fortemente no processo;
4. A fase de negociações intergovernamentais formais, que conduziu à adoção da FCCC em maio de 1992;
5. E uma fase pós-acordo centrada na elaboração e aplicação da FCCC e no início de negociações sobre compromissos adicionais, que conduziu à adoção do Protocolo de Quioto em dezembro de 1997.

Desde então, a investigação sobre as alterações climáticas expandiu-se e cresceu, ligando muitos domínios, como as ciências atmosféricas, a modelização numérica, as ciências comportamentais, a geologia e a economia. A mudança de paradigma no discurso sobre as alterações climáticas foi resumida na Fig. 1.1.

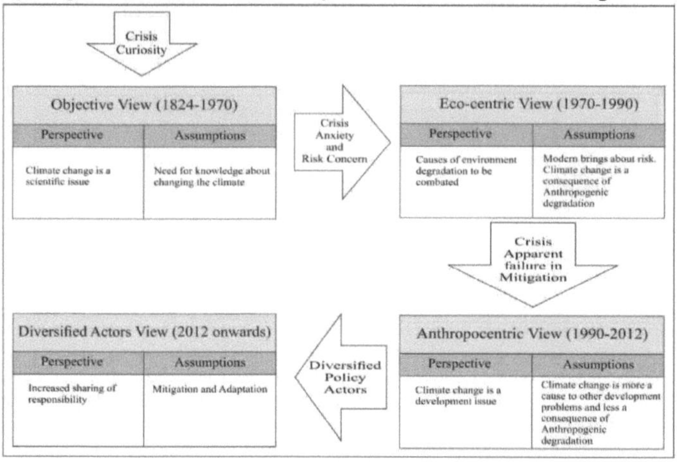

Fig. 1.1: *Mudanças de paradigma no discurso sobre as alterações climáticas*

Objectivos do estudo

O objetivo é examinar o mito ou a realidade das alterações climáticas no contexto da Índia , tomando o exemplo de Uttarakhand como ponto de referência. Isto porque existe muita controvérsia sobre as alterações climáticas. A confusão é ainda maior pelo facto de haver um forte contingente de académicos que não apoia a ideia das alterações climáticas. Também é verdade que os geógrafos têm feito muito pouco para resolver esta confusão. O presente trabalho é uma humilde tentativa nesse sentido.

As alterações climáticas são geralmente definidas como "uma mudança no estado do clima que pode ser identificada (por exemplo, utilizando testes estatísticos) por alterações na média e/ou na variabilidade das suas propriedades e que persiste durante um período alargado, normalmente décadas ou mais. Refere-se a qualquer mudança no clima ao longo do tempo, seja devido à variabilidade natural ou como resultado da atividade humana" (IPCC, 2007). No entanto, existe também uma definição mais restrita, formulada como "uma mudança atribuída direta ou indiretamente à atividade humana que altera a composição da atmosfera global e que se junta à variabilidade climática natural observada em períodos de tempo compatíveis" (Carter 2010: 35). A segunda visão define categoricamente as alterações climáticas em termos antropogénicos, sugerindo assim objectivos mais claros. Considerando a segunda definição, portanto, o estudo tem dois objectivos:

1. identificar as tendências que emergem dos padrões variáveis dos caracteres climáticos (temperatura, precipitação, etc.); e,
2. para segregar a nossa parte nas tendências assim obtidas.

Hipóteses

Entre inúmeras evidências e contra-evidências das pegadas humanas no clima, é natural que se fique confuso. No entanto, este trabalho parte de alguns pressupostos simples. Estes pressupostos podem ser enunciados sob as seguintes formas de hipóteses:

A. A temperatura durante o último século não só se alterou como aumentou.
B. Verifica-se uma tendência decrescente da precipitação com o aumento da temperatura.
C. As tendências emergentes da temperatura e da precipitação estão intimamente ligadas às actividades humanas.

Meios e métodos

A presente investigação baseia-se em lógicas indutivas e dedutivas e, para o efeito, foram recolhidos dados primários e secundários através de trabalho de campo e também de material publicado. As imagens de satélite também foram utilizadas de forma adequada, para além da cartografia dos dados disponíveis. Foi igualmente efectuada uma análise quantitativa e qualitativa.

A temperatura e a precipitação são os dois factores determinantes mais importantes do clima e, ao examinar a tendência do clima, o padrão e a tendência destas duas variáveis críticas foram analisados a nível estatal e distrital através de técnicas de correlação e regressão.

A área de estudo: Perfil de localização

Uttarakhand faz parte dos poderosos Himalaias. A grande cadeia montanhosa dos Himalaias, que forma um arco gigantesco que se estende desde o pico de Nanga Parbat, a noroeste, até ao desfiladeiro do Brahmaputra, na base do pico de Namcha Barwa, a leste, estende-se por um comprimento de cerca de 24 000 quilómetros de oeste a leste e tem uma largura que varia entre 150 e 300 quilómetros, podendo ser dividida em quatro regiões fisiográficas, nomeadamente Himalaias do Punjab (entre os rios Indus e Satluj), Himalaias de Garhwal e Kumaun (entre os rios Satluj e Kali), Himalaias do Nepal (entre os rios Kali e Tista) e Himalaias de Assam (entre os rios Tista e Brahmaputra). Os Himalaias de Garhwal e Kumaun formam conjuntamente o cenário de Uttarakhand. De acordo com as escrituras hindus, Uttarakhand representa a região combinada de Kedarkhand (atual Garhwal) e Manaskhand (atual Kumaun). Este 27th estado da República da Índia e o 10th da região dos Himalaias, foi desmembrado do Uttar Pradesh em 9th de novembro de 2000. O Estado estende-se entre 28° 43' e 31° 27' de latitude norte e 77° 34' e 81° 02' de longitude leste. A norte, faz fronteira com o Tibete ocupado pela China, a leste com o Nepal (pelo rio Kali), a oeste com os Estados indianos de Himachal Pradesh (pelo rio Tons) e Haryana e a sul com o Uttar Pradesh (Fig. 1.2).

O Estado cobre uma área de cerca de 53 483 quilómetros quadrados, dos quais 46035 quilómetros quadrados (86,07%) são montanhosos e 7448 quilómetros quadrados (13,93%) são planos. A sua extensão é de 358 quilómetros de leste a oeste e de 322 quilómetros de norte a sul. Administrativamente, o Estado está dividido em 13 distritos, agrupados em duas divisões - Kumaun e Garhwal. A divisão de Kumaun inclui seis distritos (Almora, Bageshwar, Champawat, Nainital, Pithoragarh, Udham Singh Nagar) e a divisão de Garhwal inclui sete distritos (Dehradun, Haridwar, Tehri Garhwal, Uttarkashi, Chamoli, Pauri Garhwal, Rudraprayag). Dos treze distritos, quatro (Dehradun, Haridwar, Nainital e Udham Singh Nagar) representam a superfície plana e os restantes nove (Almora, Bageshwar,

Chamoli, Champawat, Pauri Garhwal, Pithoragarh, Rudraprayag, Tehri Garhwal e Uttarkashi) são distritos montanhosos. Estes treze distritos estão divididos em 87 Tehsils, 95 Blocos de Desenvolvimento e 16.793 aldeias de rendimento. Estas aldeias são servidas por 116 cidades de diferentes dimensões.

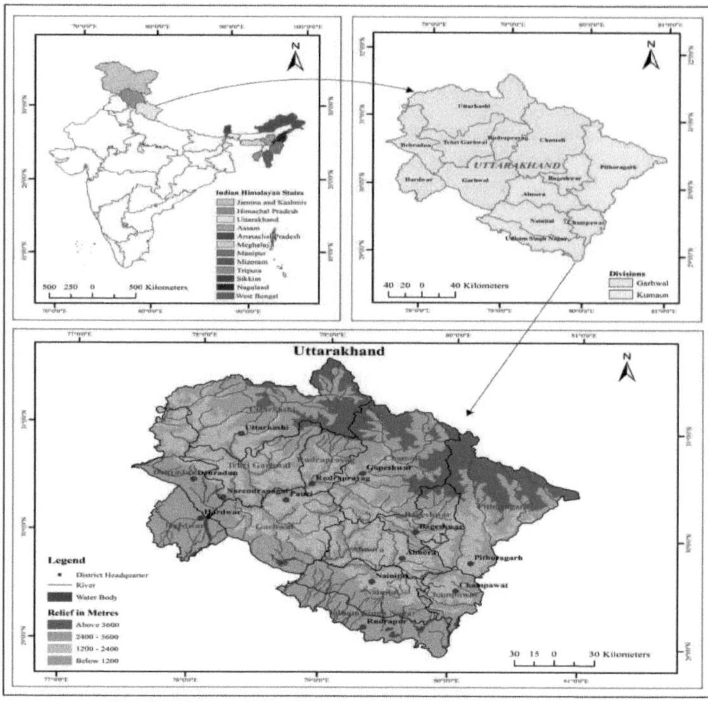

Fig. 1.2: *Mapa de localização de Uttarakhand*

Uttarakhand contém, na sua secção norte, alguns dos picos de montanha mais altos do mundo. Entre os principais cumes de Uttarakhand, 2 picos ultrapassam os 7 500 m (Nanda Devi-7816 m, Kamet-7756 m), 13 picos ultrapassam os 7 000 m (Sunanda Devi-7434 m, Abi Gamin-7355 m, Mana Peak-7272 m, Mukut Parbat-7242 m, Hardeol-7151 m, Chaukhamba 1-7138 m., Trisul 1-7120 m., Mana NW-7092 m., Satopanth- 7075 m., Tirsuli-7074 m., Dunagiri- 7066 m., Chaukhamba 11-7058 m., Tirsuli West-7035 m.), 89 picos ultrapassam os 6.500 m. e 98 picos ultrapassam os 6.000 m. de altitude.

O Uttarakhand é um enorme reservatório de água devido à abundância de rios perenes e vários rios, nomeadamente o Ganga, o Yamuna, o Ram Ganga, o Kali e o Alaknanda, etc., e os seus afluentes têm origem e passam pelo Uttarakhand. O Estado é conhecido pelos seus glaciares mundialmente famosos, como Jhajju Bamak, Tikku, Jaundar Bamak (na bacia do Yamuna); Gangotri, Meru, Bhrigupanth, Dokriani (na bacia do Bhagirathi); Satopanth, Bhagirathi Kharak, Glaciar No. 3 (Arwa), Dunagiri, Chorabari, Companion, Pindari (na bacia do Alaknanda); Milam, Burphu, Ralam, Poting, Ramganga, Chipa, Meola, Jhulang, Adikailash, Nikarchu (na bacia do Ghaghra).

Enquadramento organizacional do estudo

O tema da tese foi organizado em 6 capítulos. O capítulo 1 introduz o tema com a revisão da literatura, os objectivos, as hipóteses principais e a metodologia de investigação. O capítulo 2 centra-se nos antecedentes conceptuais, destacando os modelos de alterações climáticas que evoluíram e que tentam compreender os fenómenos das alterações climáticas. O capítulo 3 procura retratar as tendências emergentes das alterações climáticas, analisando a temperatura e a precipitação a nível nacional e estadual durante um período de 102 anos (1911-2012). O contexto geográfico de Uttarakhand, a área de estudo, é abordado no Capítulo 4. A análise microeconómica das alterações climáticas na área de estudo foi feita em pormenor no Capítulo 5. O Capítulo 6 apresenta um resumo, conclusões e soluções sustentáveis.

Capítulo 2

Antecedentes conceptuais

O capítulo anterior tentou introduzir o tema das alterações climáticas. Este capítulo centra-se nas causas naturais e humanas das alterações climáticas e destaca os modelos teóricos das alterações climáticas.

O clima é um fator crítico para a vida e os meios de subsistência das pessoas e para o desenvolvimento socioeconómico em geral. O clima da Terra resulta da interação complexa de muitos componentes, como o oceano, a atmosfera, a geosfera, a criosfera e a biosfera. Embora o sistema climático seja, em última análise, impulsionado pela energia solar externa, as alterações de qualquer um dos componentes internos e da forma como interagem entre si, bem como a variabilidade da radiação solar, podem conduzir a alterações das condições climáticas. Estas influências, que são frequentemente consideradas "forçantes", alteram as entradas e saídas de energia que resultam em modificações no clima. Estes forçamentos operam numa variedade de escalas temporais. Nas escalas de tempo mais longas, encontram-se mecanismos como os processos geológicos e as alterações na órbita da Terra em torno do Sol (efeito Milankovitch-Croll). Crê-se que este último é o mecanismo subjacente ao ciclo de glaciares e interglaciares. Os processos geológicos resultantes do movimento das placas tectónicas e as consequentes grandes alterações no relevo físico, na distribuição dos continentes e na forma e conetividade das bacias oceânicas influenciaram claramente os padrões climáticos globais. Os processos geológicos podem também atuar a uma escala de tempo muito mais curta através do vulcanismo.

Para além das alterações geológicas e orbitais, o sistema climático é sensível à variabilidade interna inerente e periódica de qualquer um dos seus componentes, como as correntes oceânicas. Estas variações podem ocorrer em escalas temporais decadais, como a oscilação interdecadal do Pacífico, ou em escalas temporais quase interanuais, como a bem documentada oscilação El-Nino/Sul (ENSO).

As alterações climáticas são um processo cíclico e têm ocorrido ao longo da história da Terra. No entanto, para além destes agentes naturais de mudança, considera-se agora que as actividades humanas são também um fator importante que afecta o clima como um dos componentes do ambiente. Assim, os agentes das alterações climáticas podem ser divididos, grosso modo, em duas categorias - os que se devem a causas naturais e os que são criados pelo homem.

Causas naturais das alterações climáticas

Há uma série de factores naturais responsáveis pelas alterações climáticas. Alguns dos mais proeminentes são a variação da órbita terrestre, a inclinação da Terra, as alterações na produção solar, a deriva continental, os fenómenos ENSO, as emissões vulcânicas e os cometas e meteoritos.

i. *Ciclo de Milankovitch*

A "teoria de Milankovitch" sugere que as variações cíclicas normais em três das caraterísticas orbitais da Terra - excentricidade, obliquidade e precessão (Fig. 2.1) - são provavelmente responsáveis pelas alterações climáticas do passado.

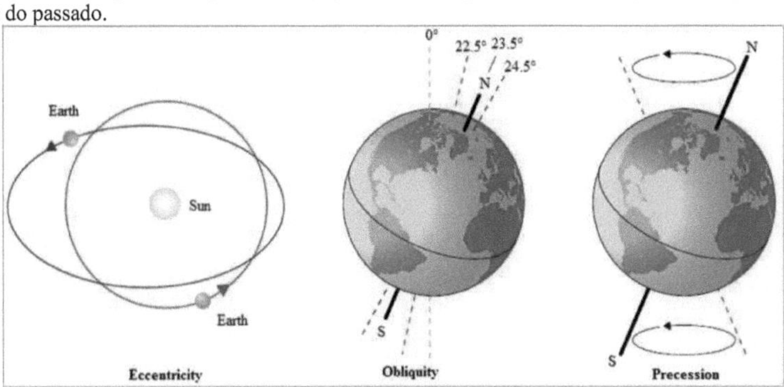

Fig. 2.1: *Ciclos de Milankovitch*

Devido à excentricidade (um ciclo de 100.000 anos) da sua órbita em torno do Sol, a Terra encontra mais variações na energia que recebe do Sol quando a órbita da Terra é alongada do que quando a órbita da Terra é mais circular. A obliquidade/inclinação (um ciclo de 40.000 anos) do eixo da Terra varia entre 22,5° e 24,5°. Quanto maior for o ângulo de inclinação, mais energia solar os pólos recebem. A precessão (um ciclo de 23 000 anos) é uma mudança gradual ou oscilação na orientação do eixo da Terra que afecta a relação entre a inclinação e a excentricidade da Terra.

Pequenas variações na órbita da Terra levam a alterações na distribuição e abundância da luz solar que atinge a superfície da Terra. A terceira variação cíclica está relacionada com as alterações na inclinação (obliquidade) do eixo de rotação da Terra. Atualmente, a inclinação do eixo da Terra é de 23,5 graus. Quando a inclinação é pequena, há menos variação climática entre as estações do verão e do inverno nas latitudes médias e altas. Os períodos de maior inclinação resultam numa maior variação climática sazonal nas latitudes médias e altas. Os Invernos mais frios produzem menos neve devido às temperaturas atmosféricas mais baixas. Além disso, os Verões mais quentes produzidos pela maior inclinação fornecem energia adicional para derreter e evaporar a neve que caiu e se acumulou durante os meses de inverno. Os glaciares nas regiões polares devem estar geralmente a recuar com outros factores constantes durante esta parte do ciclo de obliquidade (Agarwal, 2004).

ii. *Ciclos solares/ciclos de manchas solares*

As manchas solares são tempestades na superfície do Sol e estão associadas a uma atividade magnética extremamente forte. A primeira menção de um possível comportamento periódico das manchas solares foi feita por Christian Horrebow em 1776 (citado por Wolf, 1877). No entanto, o ciclo solar (manchas solares) só foi verdadeiramente descoberto em 1861, quando Johann Rudolf Wolf relatou a presença de um ciclo de atividade com um período de cerca de 11 anos, variando em comprimento com um desvio padrão de cerca de 14 meses (Wolf, 1861). Até 2009, foram completados 23 ciclos solares desde o seu primeiro registo observacional durante a década de 1760. Atualmente, estamos a passar pelo ciclo 24th desta atividade solar (Fig. 2.2).

As manchas solares surgem em bandas de baixa latitude em ambos os lados do equador, e estas bandas deslocam-se em direção ao equador à medida que cada ciclo progride, com pouca variação de ciclo para ciclo. As bandas de atividade alargam-se durante a subida para o máximo e estreitam-se durante o declínio para o mínimo.

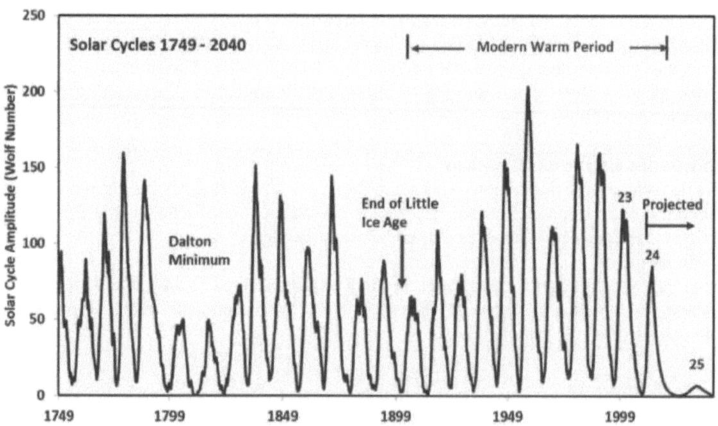

Fig. 2.2: *Ciclos de manchas solares*

O ciclo solar afecta aparentemente a vida e o clima na Terra. O aumento da atividade solar inclui o aumento das emissões extremas de raios X e ultravioleta do Sol, que altera a temperatura e a densidade da atmosfera superior (Charbonneau, 2010). Embora a alteração da irradiância solar total pareça demasiado pequena para produzir efeitos climáticos significativos, há boas provas de que, em certa medida, o clima da Terra aquece e arrefece à medida que a atividade solar aumenta e diminui (Haigh, 1996).

iii. *Tectónica de placas*

A tectónica de placas desempenha um papel notável nas alterações climáticas. A superfície da terra sólida está em contacto direto com a atmosfera e os oceanos e o seu carácter evolutivo afecta os equilíbrios da radiação que entra e sai, a circulação atmosférica, as correntes oceânicas e a localização de terrenos elevados adequados para os glaciares e os mantos de gelo. Os processos tectónicos também têm importantes efeitos climáticos indirectos através do seu controlo sobre o ciclo geoquímico e a composição da atmosfera e dos oceanos.

As placas continentais da Terra têm-se deslocado muito ao longo do tempo (Fig. 2.3). À medida que as placas tectónicas se deslocam, o mesmo acontece com os continentes subaéreos e esta redistribuição da massa terrestre tem um efeito importante na heterogeneidade espacial do balanço energético da Terra através das diferenças nos albedos (reflectividades) e nas propriedades térmicas da terra e do oceano. Enquanto a atmosfera e as nuvens dominam o albedo planetário, a superfície é o absorvedor dominante da energia solar, responsável por cerca de 65% da radiação solar total absorvida e pela transferência de energia para a atmosfera através da radiação de onda longa. Consequentemente, as variações do albedo da superfície têm efeitos importantes na dinâmica atmosférica e no clima. Isto é particularmente verdadeiro nas regiões maioritariamente sem nuvens e nas latitudes polares, que na Terra atual estão cobertas por neve e gelo altamente reflectores. Os albedos de superfície sobre o oceano aberto e sem gelo são geralmente muito mais baixos do que sobre a terra. Assim, à escala global, as alterações na distribuição latitudinal da terra podem ter um efeito significativo no balanço de radiação líquido médio zonal.

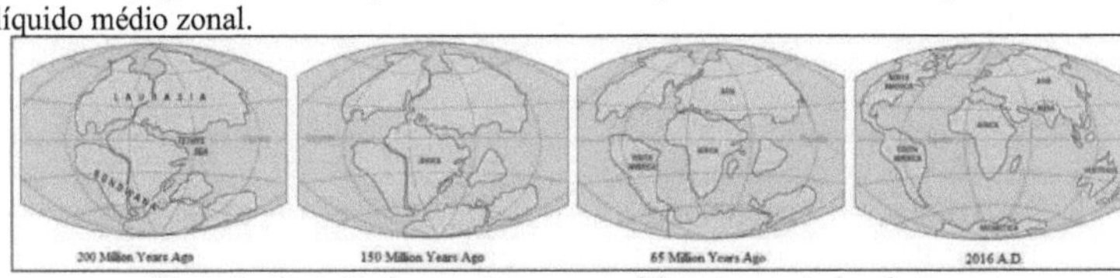

Fig. 2.3: *Posição dos continentes em diferentes períodos de tempo*

O movimento das placas continentais altera os movimentos das correntes oceânicas. O impacto desta alteração forçada tectonicamente na circulação oceânica sobre o clima global é geralmente atribuído a mudanças na contribuição do oceano para o transporte de calor para o pólo (Covey e Barron, 1988; Rind e Chandler, 1991). Para além da posição latitudinal dos continentes, a elevação epeirogénica é também um fator crítico nas alterações climáticas (Birchfield et al., 1982). As montanhas afectam o clima regional alterando o albedo através dos glaciares e actuando também como barreiras físicas ao fluxo atmosférico.

As colisões entre continentes devido ao movimento das placas tectónicas criam enormes cadeias de montanhas. A meteorização destas cadeias montanhosas consome dióxido de carbono da atmosfera terrestre porque algumas das reacções químicas que decompõem a rocha utilizam dióxido de carbono da atmosfera (Berner e Kothavala, 2001). Isto provoca o arrefecimento do clima global. A uma escala global, toda esta meteorização (que consome dióxido de carbono) pode ter contribuído para o período de glaciação que começou há cerca de 300 milhões de anos e terminou há cerca de 280 milhões de anos.

A tectónica de placas afecta o clima de outras formas, para além de alterar a posição dos continentes. Os vulcões formam-se ao longo das margens das placas activas. O aumento da atividade nestas margens provoca um aumento da atividade vulcânica. Os vulcões libertam dióxido de carbono, que é um gás que retém o calor na atmosfera. As erupções vulcânicas também adicionam poeira à atmosfera, que bloqueia alguma radiação solar. Este facto tende a diminuir as temperaturas globais. A "Terra Bola de Neve" do Neoproterozóico constitui um exemplo de ligações tectónico-climáticas indirectas através do vulcanismo.

iv. *El Niño, La Niña e a Oscilação Sul*

O fenómeno El Niño Southern Oscillation (ENSO) é um dos modos mais bem definidos de variabilidade climática interna. Tem uma componente oceânica - El Niño e La Niña - e uma componente atmosférica - a Oscilação do Sul.

A componente oceânica consiste num aquecimento acentuado (ou arrefecimento na fase oposta, La Niña) das águas do Pacífico central e oriental. Um fenómeno El Niño pode começar de várias formas, geralmente com um ligeiro aumento da temperatura da superfície do mar no Pacífico central/leste. Isto pode acontecer através da ação de "rajadas de vento de oeste" que perturbam o "equilíbrio" mantido pelos ventos de leste, ou através da evolução lenta da termoclina oceânica como consequência de um evento anterior. A mudança de temperatura é mais forte numa zona a dez graus de latitude de cada lado do equador. Afecta o balanço energético regional, perturbando a circulação atmosférica e o clima de grande parte da zona de baixa latitude, com efeitos que se estendem até às latitudes médias durante os eventos "quentes" ou "frios" fortes. Os fenómenos El Niño e La Niña são autolimitados, evoluindo de tal forma que as temperaturas equatoriais à superfície do mar regressam gradualmente ao normal e o fenómeno termina ao fim de vários meses. Muitas vezes, o sistema ultrapassa o limite, iniciando a fase oposta do ciclo, em vez de regressar simplesmente a condições neutras. A duração dos fenómenos quentes e frios é de cerca de um ano e a mudança entre El Niño e La Niña ocorre de quatro em quatro ou de sete em sete anos.

A componente atmosférica - a Oscilação do Sul - é uma oscilação da pressão entre o Pacífico oriental e o Pacífico ocidental, acompanhada por uma alteração da intensidade dos ventos no Oceano Pacífico equatorial. Durante um evento ENSO quente, a pressão ao nível do mar desce no Pacífico oriental e sobe no ocidental e os ventos alísios dominantes de leste enfraquecem. A seca regista-se na Australásia e em partes do Sudeste Asiático e da América do Sul, ao passo que ocorrem chuvas fortes nos países vizinhos das águas mais quentes da América do Sul (por exemplo, Peru e Equador). Prevê-se uma monção indiana fraca.

O fenómeno El Niño Oscilação Sul afecta a temperatura global e o padrão de precipitação e é a causa mais importante de extremos climáticos que duram de uma estação a um ano ou mais nas regiões tropicais e subtropicais.

v. *Vulcanismo*

Esta é uma das forças naturais importantes que causam variações climáticas a curto prazo. As erupções vulcânicas são uma manifestação forte e visível da dinâmica interna da Terra sólida e, durante o vulcanismo, os materiais do núcleo e do manto da Terra são trazidos para a superfície em resultado do calor e da pressão gerados no seu interior. Quando um vulcão entra em erupção, liberta para a atmosfera grandes volumes de dióxido de enxofre (SO2), vapor de água, poeiras e cinzas que podem influenciar os padrões climáticos durante anos.

Os vulcões afectam o clima de várias formas e a várias escalas. Por vezes, a libertação de gases tóxicos nas erupções vulcânicas coloca problemas muito mais localizados. O impacto da explosão do 'Krakatoa' em 1883 no clima global é bem conhecido.

Os gases e as partículas de poeira emitidos pela erupção vulcânica bloqueiam parcialmente os raios solares que chegam e acabam por afetar o orçamento do calor. O dióxido de enxofre combina-se com a água, formando pequenas gotículas de ácido sulfúrico que caem na Terra sob a forma de chuva ácida. Estas gotículas actuam como reflectores da luz solar e bloqueiam o fluxo de energia solar para a superfície da Terra. Ao reagir com o vapor de água, o gás dióxido de carbono libertado pelas explosões vulcânicas forma também uma densa camada de neblina opticamente brilhante, reduzindo assim a transmissão atmosférica de parte da receção solar. Assim, os vulcões introduzem uma alteração climática de curto prazo na história do clima, bloqueando a insolação e reduzindo assim a temperatura atmosférica e terrestre.

vi. *Meteoritos*

O impacto de grandes meteoros na Terra pode também causar alterações climáticas. Os meteoritos são fragmentos brilhantes de matéria rochosa provenientes do exterior da atmosfera terrestre que ardem e brilham ao entrar na atmosfera terrestre. A queda de meteoritos na superfície da Terra faz parte do processo contínuo de acreção da Terra a partir da poeira e da rocha do espaço. Quando estes fragmentos de rocha se aproximam o suficiente da Terra para serem atraídos pela sua gravidade, podem cair na Terra e tornar-se parte dela.

O impacto de um meteoro enviaria milhões de toneladas de detritos para a atmosfera. Estes detritos bloqueariam pelo menos uma parte dos raios solares, tornando o clima frio e escuro. Esta alteração climática limitaria seriamente os organismos que poderiam sobreviver. Muitos paleontólogos acreditam que o impacto de um meteoro ou cometa contribuiu para a extinção dos dinossauros. Os dinossauros simplesmente não conseguiam sobreviver num clima frio e escuro. Os seus corpos não se conseguiam adaptar ao frio e a escuridão limitava o crescimento das plantas de que se alimentavam.

Se o impacto ocorresse nos oceanos, produzir-se-ia uma grande nuvem de vapor devido à evaporação repentina da água do mar. Este vapor de água e o CO2 permaneceriam na atmosfera muito depois de a poeira assentar. Estes dois gases são gases com efeito de estufa que dispersam a radiação solar e criam um efeito de aquecimento. Assim, após o arrefecimento global inicial, a atmosfera sofreria um aquecimento global durante muitos anos após o impacto.

vii. *Efeito de estufa natural*

Para além de todos estes agentes naturais de forçamento do clima acima descritos, existe um fator adicional, o chamado efeito de estufa, que conduz a um aquecimento da baixa atmosfera. Os gases vestigiais (os chamados gases com efeito de estufa) com determinadas propriedades químicas absorvem parte da radiação infravermelha emitida pela superfície da Terra.

A Terra recebe 174.000 terawatts (TW) de radiação solar (insolação) na atmosfera superior (Smil, 1991: 240), dos quais aproximadamente 30% são reflectidos para o espaço pelas nuvens, pela atmosfera ou por áreas reflectoras na superfície da Terra, enquanto o resto é absorvido pela atmosfera, pelas nuvens ou pela superfície. Para manter uma temperatura constante ou em equilíbrio, a superfície e a atmosfera da Terra devem emitir a mesma quantidade de radiação que recebem do Sol.

Uma vez que os gases com efeito de estufa emitem a mesma quantidade de radiação que absorveram, mas igualmente em todas as direcções (ou seja, tanto para baixo como para cima), o efeito líquido da absorção pelos gases com efeito de estufa é o aumento da quantidade total de radiação para baixo, em direção à superfície da Terra e à baixa atmosfera. Assim, a presença de gases com efeito de estufa mantém um ambiente habitável mais quente na Terra do que seria de outra forma.

Alterações climáticas induzidas pelo homem

As principais actividades humanas que causam alterações climáticas são as que influenciam a transferência radioactiva na atmosfera e a absorção de radiação na superfície da Terra. Outras actividades humanas, como o aquecimento da atmosfera através da combustão e a alteração do fluxo de vento à superfície através da desflorestação e da construção de edifícios, são de importância secundária. Há quatro impactos específicos a considerar: aumento das concentrações de gases com efeito de estufa na atmosfera, adição de aerossóis à

atmosfera, alteração da nebulosidade e alteração das condições à superfície. Os dois primeiros têm claramente efeitos globais. O conhecimento dos impactos climáticos das alterações da nebulosidade devidas à atividade humana é incompleto. São necessários mais estudos de observação e de modelização. O efeito poderá ser grande e global, sobretudo se as alterações da nebulosidade estiverem relacionadas com os aerossóis adicionados pela atividade humana. As alterações da superfície terrestre podem ter grandes impactos no clima local, mas têm menos impacto a nível global, uma vez que a terra cobre apenas 29% da superfície terrestre.
Existem várias medidas da magnitude do impacte humano. Uma medida global é obtida através da comparação das condições actuais da atmosfera e da superfície da Terra com as que existiam antes da revolução industrial (considerada antes de 1750).
Uma forma conveniente de comparar o impacto global das alterações provocadas pelo homem nos gases com efeito de estufa ou nos aerossóis nas trocas de radiação é através do seu forçamento radiativo. O forçamento radiativo é a alteração da radiação total líquida média no orçamento da radiação planetária no topo da troposfera devido a alterações na radiação solar e infravermelha com uma estrutura vertical fixa para a temperatura. Um forçamento radiativo positivo (aumento da radiação líquida descendente) tende a causar um aquecimento médio da superfície da Terra e um forçamento radiativo negativo, um arrefecimento médio. O forçamento induzido pelo homem no sistema natural actua de duas formas - pelo aumento dos gases com efeito de estufa e pela adição de aerossóis à atmosfera.

i. ***Aumento dos gases com efeito de estufa na atmosfera***

A atmosfera natural contém gases com efeito de estufa (principalmente vapor de água, dióxido de carbono, ozono, óxido nitroso e metano) que têm um grande impacto na determinação das temperaturas na atmosfera e à superfície da Terra. A presença destes gases com efeito de estufa na nossa atmosfera resulta do equilíbrio entre processos biológicos e geoquímicos naturais que mantêm níveis de fundo modestos destes gases na nossa atmosfera. Para além destas concentrações de fundo de gases com efeito de estufa, os seres humanos têm vindo a aumentar as concentrações de gases com efeito de estufa, principalmente sob a forma de dióxido de carbono e metano, através da atividade industrial, principalmente sob a forma de queima de combustíveis fósseis e agricultura, respetivamente. É este efeito de estufa aumentado ou humano que é o principal responsável pelas alterações climáticas causadas pelo homem (antropogénicas).
Três dos cinco constituintes naturais dos gases com efeito de estufa estão a sofrer aumentos de concentração bem documentados devido à atividade humana: dióxido de carbono, metano e óxido nitroso. Os outros dois gases com efeito de estufa que ocorrem naturalmente, o vapor de água e o ozono, estão menos diretamente ligados à atividade humana. O papel do ozono é reduzido. A concentração relevante para o ozono inclui as componentes troposférica e estratosférica e não apenas os valores de concentração estratosférica para os quais se tem observado uma diminuição nas regiões polares. O vapor de água é o gás com efeito de estufa dominante e é responsável por cerca de 75% do efeito de estufa global (Crutzen e Stoermer, 2000). No entanto, a sua modificação resulta principalmente de alterações nas taxas de evaporação dos oceanos devido à variabilidade da temperatura e do vento à superfície e não da atividade humana.
O aumento do dióxido de carbono é o impacto humano mais importante sobre os gases com efeito de estufa. Este aumento é responsável por mais de metade do total dos efeitos de estufa resultantes da atividade humana. Foi obtido um registo contínuo de observação do dióxido de carbono atmosférico desde 1958 em Mauna Loa, no Havai, e desde 1957 no Pólo Sul. As concentrações anteriores a essa data foram medidas a partir de ar aprisionado em gelo na Antárctida. Ambas as medições são consideradas representativas da concentração média global. A concentração de dióxido de carbono é bastante uniforme na atmosfera.
Dois outros gases "naturais" com efeito de estufa que estão a aumentar devido à atividade humana são o metano e o óxido nitroso (Jansen et al., 2007). Os seus aumentos relativos entre a era pré-industrial e 2015 são significativos, especialmente no caso do metano, cuja concentração mais do que duplicou desde a era pré-industrial. Embora os valores absolutos da concentração destes dois gases sejam inferiores a um por cento dos do dióxido de carbono, os efeitos radiativos dos aumentos provocados pelo homem nestes dois gases ascendem, em conjunto, a quase 40% dos do dióxido de carbono. A alteração dos valores de concentração destes gases e o seu ritmo com a temperatura são apresentados na Fig. 2.4. Estes gráficos indicam que todos os GHSs registaram um aumento entre 1984-2015.

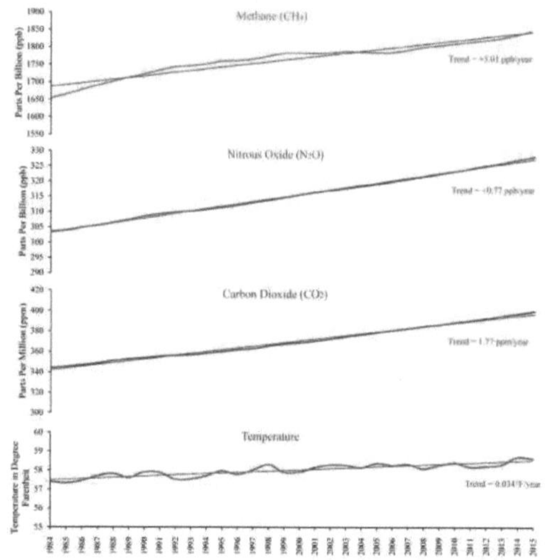

Fig. 2.4: *Variação do volume de gases com efeito de estufa na atmosfera global*
Fonte de dados: Administração Nacional Oceânica e Atmosférica, EUA

Para além dos gases naturais com efeito de estufa, a introdução de novos gases com efeito de estufa pela atividade humana teve um impacto notável no efeito de estufa, representando mais de 10% do impacto humano total no efeito de estufa. Estes gases são principalmente halocarbonetos (compostos que contêm carbono juntamente com halogéneos, como o cloro, o flúor, o bromo e o iodo), clorofluorocarbonetos (CFC) e hidrofluorocarbonetos (HFC), utilizados principalmente em unidades de refrigeração, agentes espumantes e solventes.

Os halocarbonetos são fortes gases com efeito de estufa e a sua duração de vida é possivelmente mais longa do que a dos gases naturais com efeito de estufa de longa duração. Além disso, a radiação ultravioleta do sol pode dissociar as suas moléculas e libertar cloro e bromo, que irão interagir com o ozono estratosférico e provocar a sua destruição. Os potenciais efeitos nocivos são tão óbvios que já foram celebrados acordos internacionais para reduzir a produção destes gases, por exemplo, o Protocolo de Montreal de 1987, no âmbito da Convenção de Viena para a Proteção da Camada de Ozono, e as suas alterações subsequentes.

ii... *Aumento dos aerossóis atmosféricos*

A combustão de combustíveis fósseis e a queima de biomassa são as principais fontes de aerossóis devidos à atividade humana. Estas fontes produzem fuligem (aerossóis de partículas de carbono negro), dióxido de enxofre gasoso e óxidos de azoto. Estes dois últimos são parcialmente transformados por processos químicos em aerossóis de sulfato e nitrato. Outras fontes de aerossóis produzidos pelo homem incluem as poeiras resultantes de alterações na utilização dos solos. Todos estes produtos de aerossóis permanecem principalmente na troposfera (ao contrário dos produzidos por grandes erupções vulcânicas) e, por conseguinte, estão sujeitos a uma rápida remoção por precipitação e processos de sedimentação.

Os aerossóis têm um efeito pronunciado nas transferências de radiação solar na atmosfera e um efeito menor nas transferências de radiação terrestre na atmosfera. Provocam a dispersão e a absorção da radiação solar, o que faz com que menos energia solar chegue à superfície da Terra, mais seja absorvida na atmosfera e mais seja retrodifundida para o espaço. Só no caso da fuligem (carbonos negros) é que existe uma absorção tão forte da radiação solar na baixa atmosfera que a radiação solar retrodifundida para o espaço é reduzida, produzindo um forçamento radiativo positivo. Os aerossóis também aumentam a absorção e a emissão da radiação terrestre, aumentando assim ligeiramente o efeito de estufa. No entanto, o efeito sobre a radiação solar é geralmente o fator dominante, pelo que se estima que o efeito líquido dos aerossóis seja oposto ao efeito de estufa. Uma vez que o tempo de vida dos aerossóis troposféricos é curto, a sua concentração não é uniforme no globo; concentram-se nas zonas terrestres.

Uma vez que as partículas de aerossóis actuam como núcleos de condensação de nuvens e núcleos de congelação, têm impactos importantes nas propriedades radiativas das nuvens. Os aerossóis podem alterar a distribuição do tamanho das gotas nas nuvens, o que pode influenciar as propriedades ópticas. A magnitude deste efeito depende das propriedades dos aerossóis presentes, que podem variar de região para região. A nucleação que conduz a um aumento da nebulosidade e/ou o prolongamento das nuvens existentes são outras influências possíveis dos aerossóis nas nuvens.

Feedbacks no sistema atmosférico

Existem vários processos de retroação no sistema climático que actuam para diminuir ou aumentar a resposta a qualquer perturbação externa do sistema climático (que pode incluir uma alteração na produção solar ou uma alteração nas concentrações atmosféricas de gases com efeito de estufa). De um modo geral, os feedbacks são, em média, positivos, o que significa que a resposta à perturbação tende a ser maior do que seria de esperar na ausência de feedbacks. Em particular, isto significa que a resposta a um aumento das concentrações de gases com efeito de estufa resultante da atividade humana é maior do que seria de esperar sem considerar os processos de retroação. Uma importante retroação positiva é a chamada retroação do vapor de água. Este feedback deriva do facto de o vapor de água ser também um potente gás com efeito de estufa, mas a sua presença na atmosfera é controlada pelas próprias temperaturas à superfície, através do controlo que exercem sobre os níveis de humidade relativa. Assim, uma determinada quantidade inicial de aquecimento conduz a um aquecimento ainda maior devido ao aumento da evaporação do vapor de água para a atmosfera provocado pelo aquecimento. Outra importante retroação positiva é a chamada retroação do albedo do gelo. Esta retroação resulta do facto de as temperaturas mais elevadas à superfície da Terra estarem, em geral, associadas a uma diminuição da cobertura global de gelo, reduzindo a refletividade da superfície terrestre e permitindo que mais radiação solar seja absorvida pela Terra.

A única reação significativa no sistema climático que pode ser negativa, em vez de positiva, é a reação das nuvens. O pensamento científico atual sugere que uma Terra mais quente conduzirá a uma maior cobertura de nuvens, e o principal impacto do aumento da cobertura de nuvens é o aumento da reflexão da radiação solar para o espaço a partir dos topos das nuvens, o que tem um impacto de arrefecimento. Este feedback é mais incerto do que os feedbacks do vapor de água e do albedo do gelo, devido à complexidade da representação do comportamento das nuvens nos modelos climáticos teóricos.

Os feedbacks causam grande parte da incerteza nos actuais modelos de alterações climáticas, sendo necessária mais investigação para compreender como funcionam estas relações.

Modelos teóricos das alterações climáticas

A história da modelação do clima começa com Eratóstenes (século 3rd a.C.) e Ptolomeu (século 2nd d.C.) que deduziram a forma esférica da Terra e relacionaram o clima com a inclinação do Sol. Para além da visão ptolomaica do clima em função da latitude, Edmond Halley teorizou que o aquecimento solar provoca a subida do ar perto do equador e que este ar quente e "rarefeito" faz com que o ar mais denso das latitudes mais elevadas se "precipite", criando os ventos alísios (Halley, 1686). Cerca de cinquenta anos mais tarde, Hadley modificou a explicação de Halley, considerando o efeito Coriolis (Hadley, 1735). Na década de 1830, Dove propôs a hipótese de uma segunda célula circulatória de alta latitude (Dove, 1837) e, na década de 1850, Ferrel propôs uma terceira célula para explicar os ventos predominantes nos pólos (Ferrel, 1856). Estes modelos conceptuais explicavam a função fundamental de transporte de energia do sistema climático.

Os modelos conceptuais do ciclo do carbono também contribuíram para a compreensão do clima, tal como teorizado por Tyndall em 1861 e Chamberlin em 1897 (Chamberlin, 1898, 1897; Tyndall, 1861). thNo início do século XX, o potencial de aproveitamento de calor do vapor de água foi reconhecido (Angstrom, 1900) e os modeladores climáticos começaram a pensar em modelos climáticos mais abrangentes, incluindo feedbacks atmosféricos (Brooks, 1951; Russell, 1941).

Apesar das suas capacidades muito limitadas, estes primeiros modelos analógicos demonstraram os princípios fundamentais do movimento dos fluidos num globo terrestre e inspiraram a primeira geração de modeladores da circulação geral (Fultz, 1960:77; Kuo, 1960; Phillips, 1956; Hide, 1953). Estes primeiros modelos de balanço energético baseavam-se no cálculo do equilíbrio entre a energia solar que entra e o calor que sai. Um segundo tipo de modelo climático matemático, o modelo radiativo-convectivo, centrava-se nas transferências verticais de energia na atmosfera (Lewis, 1998). O terceiro tipo de modelo climático é o modelo estatístico-dinâmico bidimensional, que estuda as células circulatórias em duas dimensões - vertical e meridional (McGuffie e Henderson-Sellers, 2005; Schneider e Dickinson, 1974). Estas três categorias de modelos desempenham papéis fundamentais na ciência climática.

Após a Segunda Guerra Mundial, começou a recolha sistemática de dados sobre o ar superior, o que deu início a uma nova era de modelação climática mais sofisticada. As primeiras experiências de previsão meteorológica numérica computorizada baseavam-se em grelhas cartesianas, calculando as transferências verticais e horizontais de massa e energia entre caixas de grelha num intervalo de tempo (normalmente 1015 min). Estes primeiros modelos impunham muitos pressupostos simplificadores para reduzir as exigências de cálculo dos modelos, e todos eles eram à escala regional (e não global). No entanto, o rápido sucesso dos modelos numéricos de previsão meteorológica levou quase imediatamente a esforços para modelar a circulação global (como Modelos de Circulação Geral) durante períodos mais longos. A partir de 1975, as simulações climáticas passaram a associar cada vez mais os Modelos de Circulação Geral atmosféricos aos Modelos de Circulação Geral oceânicos. Estes modelos dividem a atmosfera e o oceano em células de grelha discretas ou "caixas" - normalmente com várias centenas de quilómetros ou mais de comprimento e largura, e baseiam-se na física à escala da sub-rede indiretamente através de "parâmetros", ou funções matemáticas e constantes que captam os efeitos a grande escala de processos a pequena escala (Fig. 2.5). No entanto, a parametrização exacta dos processos físicos é o aspeto mais difícil da modelização climática e a fonte de considerável controvérsia científica e política (Edwards, 2010, 1999; Petersen, 2007; Sundberg, 2007; Arakawa, 2004; Phillips et al., 2004; Shackley, 2001).

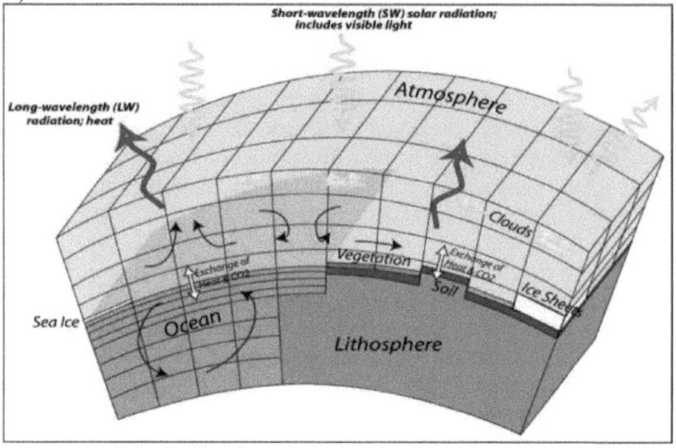

Figura 2.5: *Esquema de um modelo de circulação geral atmosfera-oceano*

Apesar das numerosas simplificações que são necessárias para construir um modelo teórico do sistema climático, estes modelos têm-se revelado bastante bem sucedidos na reprodução de caraterísticas básicas do clima da Terra. Estas caraterísticas incluem o ciclo sazonal da temperatura e da precipitação sobre a Terra, e padrões de vento como as correntes de jato. Estas caraterísticas incluem também o padrão de circulação atmosférica conhecido como a circulação da "Célula de Hadley", que está associada à tendência para correntes de ar ascendentes, húmidas e produtoras de precipitação nas regiões equatoriais, que descem como correntes de ar secas e desérticas nas regiões subtropicais. Os modelos também reproduzem com êxito as principais caraterísticas dos oceanos e do fenómeno El Nino/Oscilação Sul (ENSO).

Desde Phillips, que, em meados da década de 1950, criou o primeiro Modelo de Circulação Geral como um modelo computorizado de 2 camadas, hemisférico e quasigeostrófico, aplicando técnicas incipientes de previsão numérica do tempo (Phillips, 1956), a modelação climática evoluiu no sentido de modelos cada vez mais abrangentes e, atualmente, estes modelos climáticos - representações teóricas dos fluxos e processos atmosféricos médios - tornaram-se os instrumentos fundamentais da ciência climática moderna. No entanto, a credibilidade destes modelos climáticos depende da sua capacidade de reproduzir aspectos fundamentais das alterações climáticas observadas

Modelos, projecções e alterações climáticas

O efeito teórico do impacto humano na temperatura global é incontestável. No entanto, as previsões muito mais elevadas de aumento da temperatura feitas pelo IPCC e por alguns cientistas e organizações, partindo do princípio de que o impacto do dióxido de carbono extra é amplificado por outros mecanismos teóricos (não comprovados) de retroação, parecem irrealistas, uma vez que ignoram outros factores que podem ter uma influência moderadora no clima. Estas previsões são produzidas por Modelos de Circulação Geral (MCG) computorizados que simulam os efeitos da alteração de alguns factores que se sabe terem impacto no clima, incluindo as concentrações de gases com efeito de estufa. Para tornar os modelos utilizáveis, estes contêm muitas simplificações e pressupostos, o que limita a sua capacidade de reproduzir o mundo real e produzir previsões credíveis. As inter-relações entre os factores que afectam o clima são complexas e muitos deles são mal compreendidos, pelo que alguns não são modelados de todo.

Um pressuposto fundamental dos GCM é que um pequeno aumento da temperatura resultante do acréscimo de dióxido de carbono provoca uma maior evaporação da superfície dos oceanos, aumentando assim a concentração de vapor de água na atmosfera. Uma vez que o vapor de água é, de longe, o gás com efeito de estufa mais importante, o aquecimento inicial é amplificado. Mas isto ignora o facto de o processo de evaporação ter um efeito de arrefecimento ao consumir a energia térmica adicional, pelo que o impacto mais provável de um aquecimento inicial é simplesmente acelerar o ciclo da precipitação.

Os GCM também não dão a devida importância ao efeito da água atmosférica sob a forma de nuvens. Estas nuvens reflectem a radiação infravermelha, tanto do sol como da superfície da Terra, pelo que podem ter um efeito de aquecimento ou de arrefecimento, dependendo das circunstâncias, pois verificamos que uma noite nublada de inverno é mais quente do que uma noite clara; um dia nublado de verão é mais fresco do que um dia de sol. Em geral, as nuvens de alto nível têm um efeito líquido de aquecimento e as nuvens de baixo nível um efeito líquido de arrefecimento.

Assim, as variações no grau de cobertura de nuvens a nível mundial podem ter um efeito significativo nas temperaturas globais, mas os GCM não conseguem modelar adequadamente estas variações. Esta é uma falha importante dos modelos e há cada vez mais provas de que, longe de amplificarem o aquecimento inicial, os mecanismos de feedback actuam para o moderar. Um estudo efectuado no Pacífico Ocidental indicou que o aumento da temperatura dos oceanos reduz os cirros de alto nível, permitindo assim que mais radiação infravermelha se escape para o espaço (Bertell, 2000). Embora este mecanismo não seja totalmente compreendido, actua como um termóstato.

As grandes quantidades de água presentes nos oceanos têm também um impacto importante no clima, armazenando calor e limitando as variações de temperatura a curto prazo. As alterações na circulação oceânica durante os fenómenos El Nino e La Nina podem ter um efeito significativo nos sistemas meteorológicos. O impacto relativo da água em todas as suas formas (oceanos, lagos, rios, nuvens e vapor de água) no clima, comparado com o do dióxido de carbono, parece insignificante.

Para além de atuar como um gás com efeito de estufa, o dióxido de carbono é essencial para a vida das plantas, pelo que mais dióxido de carbono atmosférico significa uma maior taxa de crescimento das plantas. Uma vez que a vegetação emite vapor de água (sob a forma de transpiração), este facto tem um efeito de arrefecimento e mesmo a transpiração adicional devida a um crescimento mais rápido pode equilibrar, na maior parte dos casos, se não completamente, o efeito de aquecimento do dióxido de carbono adicional.

É importante notar que o aquecimento global após 1950 não é uniforme na Terra. Embora um único número, nomeadamente +0,6°C/100 anos, ou +0,3°C/50 anos, seja utilizado na discussão do aquecimento global, a distribuição geográfica do aquecimento é bastante complexa. Foi registado um padrão de aquecimento durante a última metade do século passado, de cerca de 1950 a cerca de 2000 (Hansen et al., 2005). Durante este período, o aquecimento mais proeminente ocorreu no Ártico continental e, por outro lado, contrariamente à tendência geral de aquecimento, registou-se um arrefecimento na Gronelândia durante o mesmo período. É interessante notar que os GCM não conseguem reproduzir esta distribuição geográfica das alterações observadas, enquanto o IPCC afirma ser capaz de reproduzir o aumento de 0,6°C/100 anos causado pelo efeito de estufa do CO_2. O grupo ártico do PIAC (constituído por 14 subgrupos chefiados por V. Kattsov) efectuou previsões retrospectivas da distribuição geográfica da alteração da temperatura durante a última metade do século XX. Os seus resultados são apresentados na Fig. 2.6.

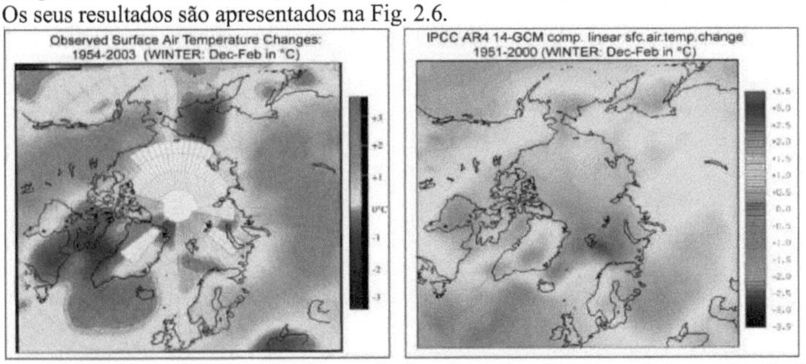

Fig. 2.6: *Comparação entre a distribuição observada das alterações de temperatura e a simulação (Hindcasting) efectuada pelo Grupo Ártico do IPCC*

Surpreendentemente, o resultado do modelo está longe da realidade. É notório que, se o aumento do efeito de estufa causasse o aquecimento, o padrão observado deveria ser reproduzível, pelo menos qualitativamente, por estes modelos, mesmo que a reprodução não seja perfeita. No entanto, estes GCM não conseguem reproduzir o aquecimento proeminente no Ártico continental, nem mesmo qualitativamente, o que indica que grande parte deste aquecimento específico não é causado pelo efeito de estufa do CO_2. Assim, pode concluir-se que grande parte do aquecimento e arrefecimento proeminente do Ártico continental na Gronelândia durante a última metade do século passado se deve a alterações naturais, talvez a oscilações multi-decadais como a Oscilação do Ártico e a Oscilação Decadal do Pacífico (PDO). Este desvio da projeção do modelo em relação ao mundo real mostra as limitações dos modelos climáticos actuais. Estes modelos não são suficientemente avançados para efetuar previsões de longo prazo devido à sua ineficácia de parametrização perfeita das variáveis do mundo real.

Os dados sugerem que a temperatura global é quase estável e está a diminuir após 1998. Este fenómeno é conhecido como estagnação da temperatura no mundo do clima. É interessante referir que quase todos os modelos climáticos, incluindo o mais sofisticado CMIP5 (AR5), não conseguiram reproduzir esta estagnação da temperatura em nenhum dos cenários de emissões considerados. A razão básica para este grande fracasso dos modelos climáticos é o facto de estarem ajustados às alterações climáticas ocorridas após 1975. Com base principalmente nesses dados de curto prazo, é frequentemente referido que as recentes alterações climáticas são "sem precedentes". Esta conclusão baseia-se principalmente na hipótese de que as moléculas de CO2 causam o efeito de estufa e que a sua quantidade na atmosfera está a aumentar. No entanto, não é adequado concluir a priori que o aumento de 0,6° C se deve principalmente a causas humanas sem subtrair cuidadosamente as contribuições das alterações naturais.

É importante notar que, apesar de os modelos se terem tornado atualmente uma ferramenta muito importante na previsão do clima, um modelo climático perfeito é ainda um sonho distante. O clima da Terra resulta de um sistema multicomponente, dinâmico, ruidoso e não linear que apresenta uma variabilidade temporal de minutos a milénios. As observações instrumentais das principais variáveis físicas do clima só têm cobertura e precisão suficientes nos últimos 150 anos, na melhor das hipóteses (e geralmente muito menos do que isso). Muitos processos e fenómenos diferentes serão relevantes e cada um deles precisa de ser parametrizado com elevada precisão para que a resposta às perturbações antropogénicas possa ser atribuída corretamente e quantificada com exatidão.

Capítulo 3

Alterações climáticas na Índia: Tendências emergentes

O capítulo anterior foi dedicado à discussão das mudanças de temperatura e precipitação a nível global numa perspetiva histórica. O presente capítulo tem como objetivo analisar as mudanças de temperatura e precipitação a nível nacional e estadual durante um período de mais de 100 anos (1911-2012) para compreender as tendências que emergem das mudanças.

As condições físicas e sociais da Índia tornam imperativo abordar o debate sobre as alterações climáticas de uma forma mais realista, tendo em conta a sua grande base agrícola, as planícies alimentadas pelos Himalaias, a enorme população rural e as densas povoações rurais e urbanas. Há muito tempo que os glaciares indianos estão no centro do debate sobre as alterações climáticas e teme-se que qualquer alteração significativa no volume destes glaciares afecte a subsistência de uma grande parte da população do país, que depende das águas fluviais provenientes do degelo destes glaciares para satisfazer as suas diversas necessidades, nomeadamente a irrigação, o consumo de água, etc. As zonas de chuva também serão afectadas pela escassez de água devido a flutuações no padrão de precipitação, e qualquer alteração significativa das temperaturas aumentará ainda mais as nossas dificuldades.

Uma revisão da literatura revela tendências crescentes de temperatura, aumento de eventos de precipitação intensa e diminuição de eventos de precipitação baixa e média, e mudanças na temperatura da superfície na Índia durante o último século (IMD, 2012; Kothawale et al., 2010; MoEF, 2010; Dash et al, 2009; Tyagi e Goswami, 2009, Guhathakurta e Rajeevan, 2008; Cruz et al., 2007; IPCC, 2007; Goswami et al., 2006; De et al., 2005, Arora et al., 2005; Rupa Kumar et al., 1994; Rupa Kumar et al., 1992; Srivastava, 1992; Parthasarathy e Dhar, 1974). Utilizando o modelo climático regional do Centro Hadley, os cientistas indianos sugeriram um aumento da temperatura de 3° C a 4° C até ao final do século XXI (Rupa Kumar et al., 2006; Lal e Harasawa, 2001; Lal e Singh, 2001). O aquecimento pode ser de cerca de 2,1 a $2{,}6^{O}$ C na década de 2050 e de 3,3OC a $3{,}8^{O}$ C na década de 2080, que se prevê que seja generalizado em todo o país, e relativamente mais pronunciado nas partes do norte da Índia (Rupa Kumar et al., 2006). Embora se preveja um aumento da precipitação, haverá variações no padrão espacial, com algumas bolsas a registar um aumento e outras a sofrer um declínio da precipitação (Sulochana, 2003). Estes modelos projectam um aumento da precipitação entre 10 e 40 por cento desde o período de referência (1961-90) até ao final do século XXI, com o aumento máximo previsto da precipitação no noroeste e no centro da Índia (Kumar et al., 2006; Lal et al., 2001).

No entanto, é de salientar que a maioria dos estudos que discutem as alterações climáticas na Índia se baseiam na análise de tendências de um período de 30-40 anos e, por conseguinte, são marcados por um elevado espetro de incerteza. O presente trabalho é uma tentativa de eliminar esta incerteza ou, pelo menos, de a reduzir até um nível razoável, através da análise dos registos de temperatura e de precipitação de um período mais longo de 2 anos (1911-2012).

Tendência das alterações da temperatura e da precipitação na Índia

Como foi discutido no capítulo anterior, a análise dos modelos em sistema de grade muitas vezes não consegue reproduzir as caraterísticas regionais do clima, e, portanto, o estudo se baseia em ferramentas estatísticas. Os dados de temperatura e precipitação do país como um todo, e os dos estados como subunidades, foram regredidos para chegar aos resultados com confiança. Para além da análise das tendências, o estudo também calcula as anomalias - os desvios em relação a uma linha de base, para a temperatura e a precipitação, para ver o padrão das mudanças. É de salientar que os conjuntos de dados climáticos apresentam um elevado grau de sazonalidade e, por conseguinte, em vez de se utilizarem dados pontuais como linha de base, utiliza-se um valor médio de longo prazo (de preferência de 30 anos) como linha de base para a análise climatológica. No presente trabalho, o investigador utilizou um período de referência de 30 anos (1961-1990) para calcular as anomalias de temperatura e precipitação. Há duas considerações principais para favorecer este período de base: a cobertura e a disponibilidade dos dados climáticos observacionais são melhores para este período em comparação com os anteriores; e, os anos após 1990 são susceptíveis de ter maiores tendências antropogénicas incorporadas nos dados climáticos devido à intensificação das actividades humanas após as reformas económicas da década de 1990.

Alterações de temperatura

O resultado da regressão da mudança de temperatura para a Índia indica um aquecimento significativo de $0{,}54^{O}$ C (a um nível de confiança de 99%) durante o último século. No entanto, este aquecimento é mais proeminente após 1980, como mostra a linha de tendência espessa (vermelha) na Fig. 3.1.

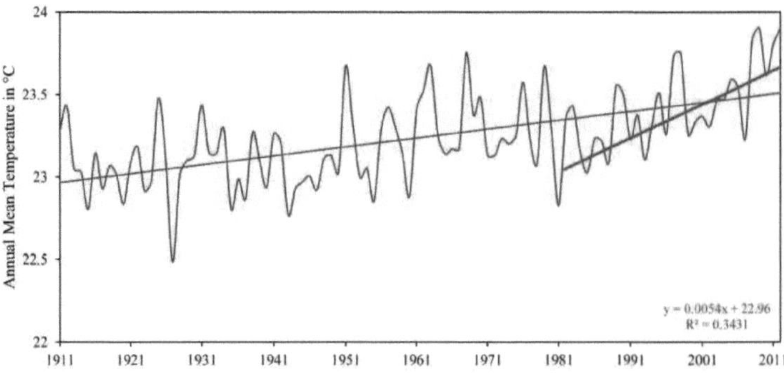

Fig. 3.1: *Tendência da temperatura média anual da Índia*

Os resultados da análise de regressão para as variações de temperatura ao longo dos estados são apresentados na Tabela 3.1.

Tabela 3.1: *Mudanças na temperatura média anual na Índia durante 1911-2012*

Estados que registam um aumento da temperatura	*Tendência da temperatura em °C/100 anos*	*Estados que registam um aumento significativo da temperatura com um nível de confiança de 95%*	*Tendência da temperatura em °C/100 anos*	*Estados que registam um aumento significativo da temperatura com um nível de confiança de 99*	*Tendência da temperatura em °C/100 anos*
Chandigarh	0.32	Rajastão	0.33	Telangana	1.13
NCT de Deli	0.30			Andhra Pradesh	0.87
Punjab	0.23			Puducherry	0.79
Haryana	0.22			Pradesh do Arunachal	0.71
				Karnataka	0.71
				Assam	0.70
				Tamil Nadu	0.68
				Goa	0.67
				Maharashtra	0.67
				Nagaland	0.66

				Kerala	0.64
				Chhattisgarh	0.63
				Sikkim	0.63
				Madhya Pradesh	0.60
				Gujrat	0.58
				Manipur	0.56
				Meghalaya	0.55
				Jammu e Caxemira	0.54
				Bengala Ocidental	0.54
				Mizoram	0.50
				Tripura	0.50
				Andamão e	0.49
				Nicobar	
				Dadra e Nagar	0.49
				Haveli	
				Damão e Diu	0.49
				Lakshadweep	0.49
				Jharkhand	0.48
				Odisha	0.48

				Bihar	0.47
				Uttarakhand	0.46
				Himachal Pradesh	0.44
				Uttar Pradesh	0.40

Fonte: Calculado

Com base nos resultados (apresentados na tabela 3.1), os estados podem ser agrupados em três categorias: os estados que registam um aquecimento muito significativo, os estados que registam um aquecimento significativo e os estados em que não se nota uma tendência de aquecimento significativa (Fig. 3.2).

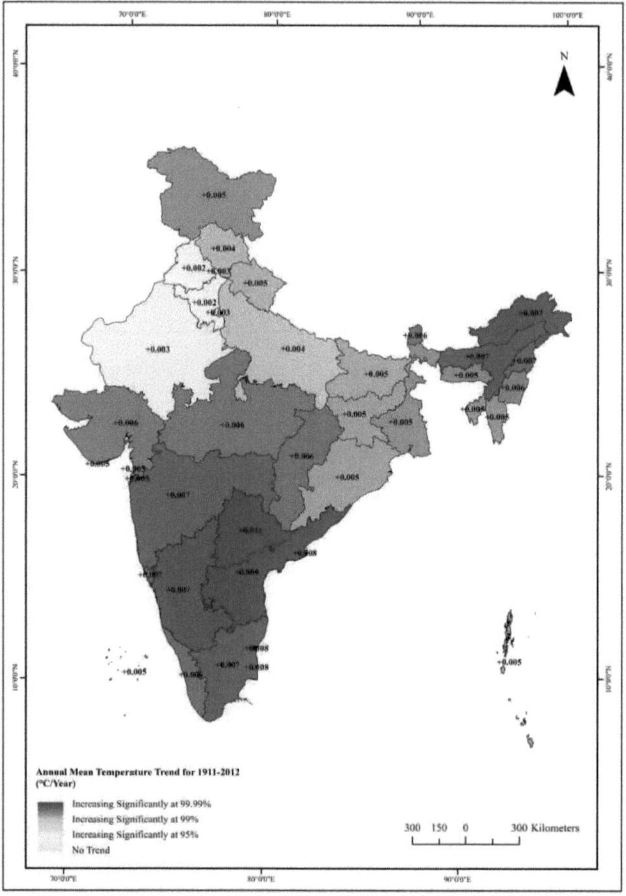

Fig. 3.2: *Mudanças na temperatura média anual na Índia*

A análise mostra claramente que, dos 36 Estados, 32 registaram uma tendência significativa de aquecimento durante o último século. Curiosamente, os Estados do Sul registaram um aumento máximo da temperatura. Embora uma faixa contínua composta por quatro Estados - Chandigarh, NCT de Delhi, Punjab e Haryana -

não tenha registado qualquer aquecimento significativo, a temperatura também aumentou nesta faixa durante o século passado. No total, 17 Estados registaram um aquecimento superior ao do país no seu conjunto (0,54°C). Os estados de Jammu e Caxemira e Bengala Ocidental registaram um aquecimento igual ao da Índia, enquanto 12 estados ficaram abaixo da marca nacional. É de salientar que os Estados atingidos pela pobreza e densamente povoados registam um aquecimento baixo, enquanto os Estados costeiros em rápido crescimento estão do lado mais quente.

Anomalia na temperatura

A Fig. 3.3, que mostra a anomalia da temperatura na Índia, mostra claramente que a temperatura após 1960 registou uma tendência crescente e, num período de 100 anos, aumentou em média 0,54°C.

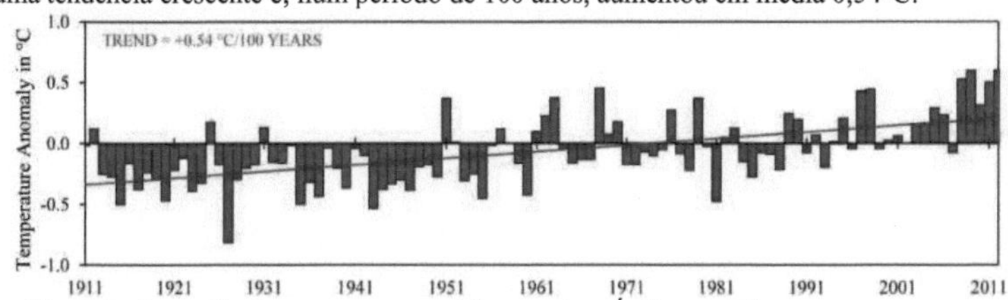

Fig. 3.3: *Anomalia da temperatura média anual na Índia, em °C*

Há três fases distintas claramente visíveis no padrão das anomalias de temperatura. Até 1960, as anomalias de temperatura são negativas, mostrando que as temperaturas durante este período foram inferiores ao valor médio do período de referência de 1961-1990. Depois de 1960, a temperatura registou uma tendência de aumento, mas houve flutuações. No entanto, após 1990, é visível uma tendência significativa de aumento da temperatura. Os estados também seguem quase o mesmo padrão de anomalia de temperatura que o país {ver Fig. 3.4 (I) a (XXXVI)}.

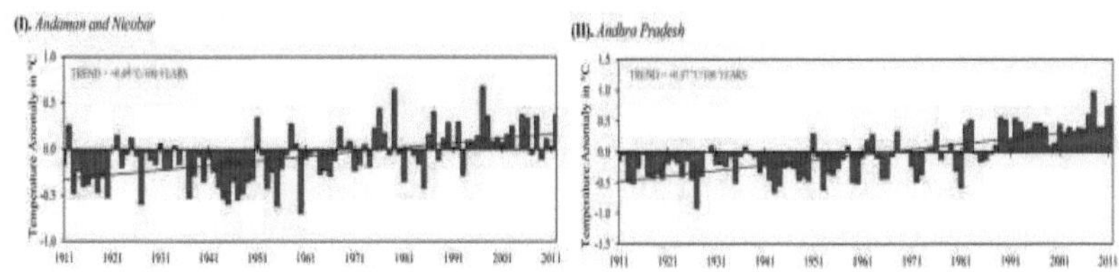

(III). *Arunachal Pradesh*

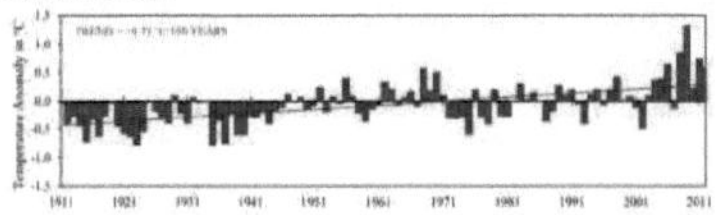

(IV). *Assam*

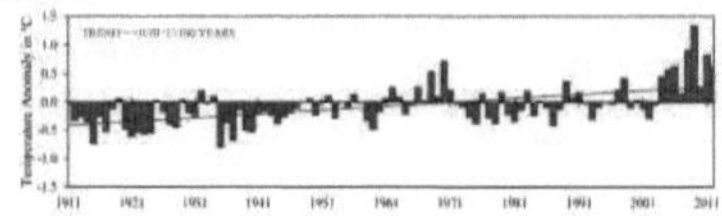

(V). *Bihar*

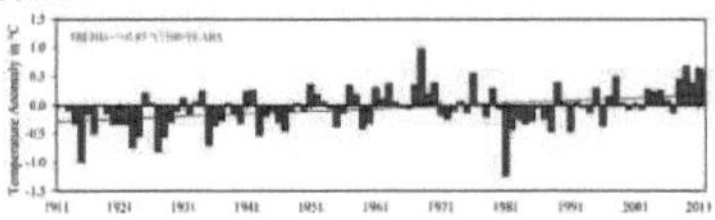

(VI). *Chandigarh*

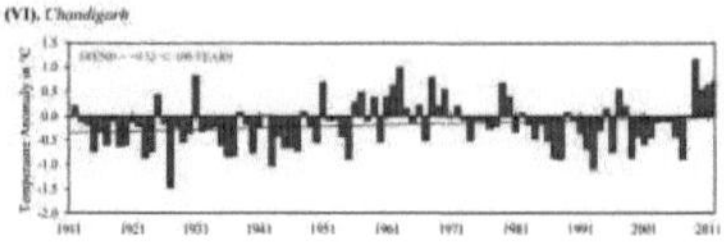

(VII). *Chhattisgarh*

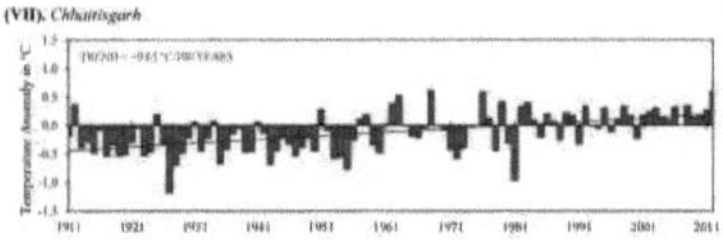

(VIII). *Dadra and Nagar Haveli*

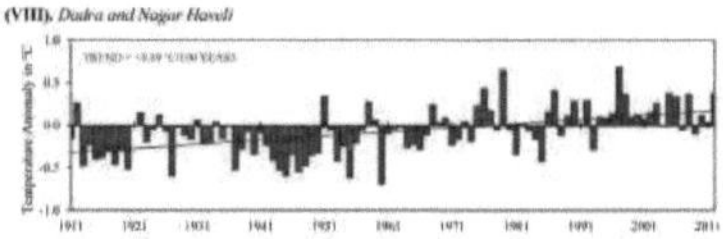

(IX). *Daman and Diu*

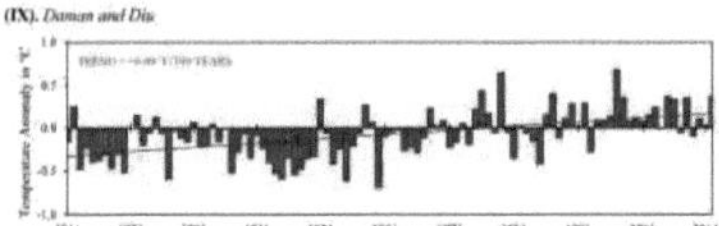

(X). *Goa*

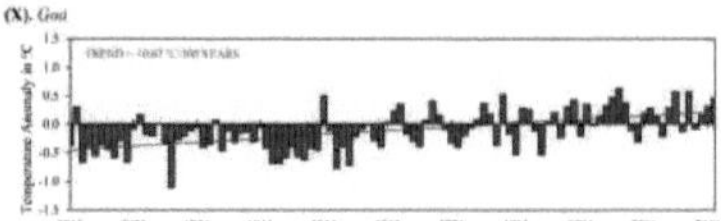

(XI). *Gujrat*

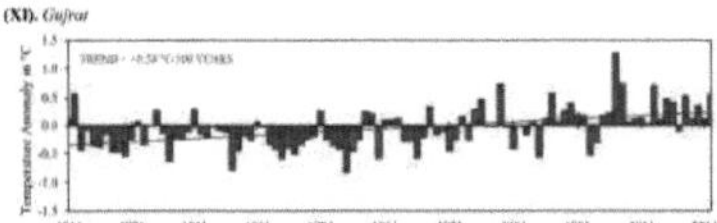

(XII). *Haryana*

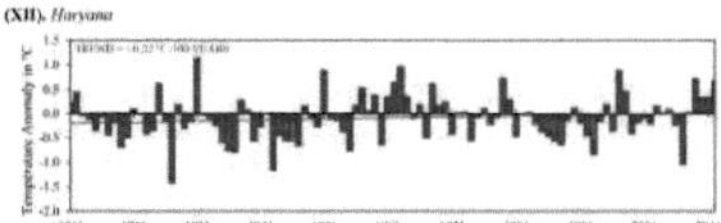

(XIII). *Himachal Pradesh*

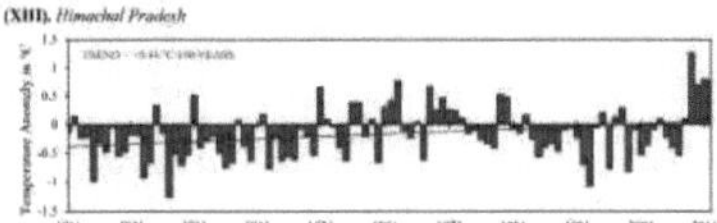

(XIV). *Jammu and Kashmir*

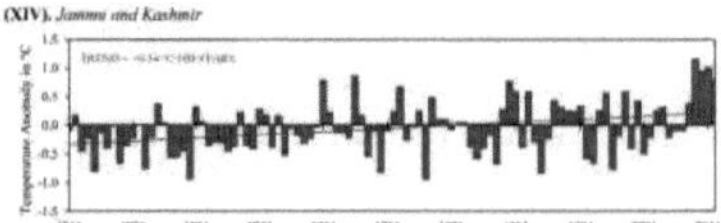

(XV). *Jharkhand*

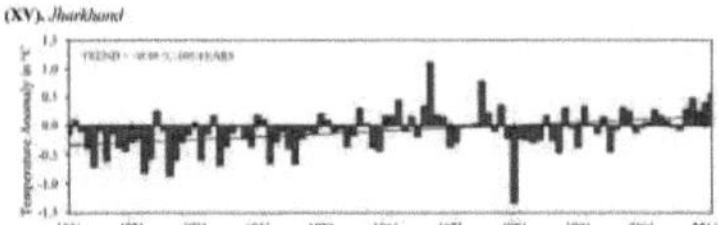

(XVI). *Karnataka*

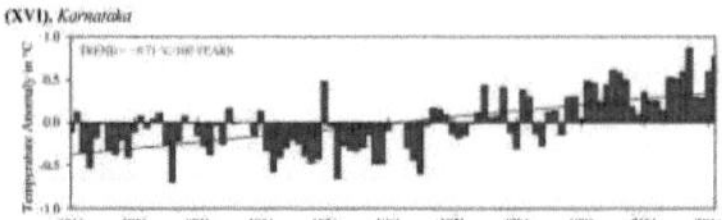

(XVII). *Kerala*

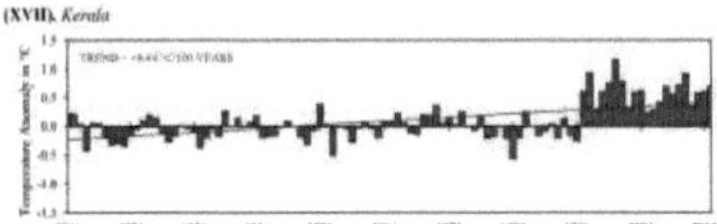

(XVIII). *Lakshadweep*

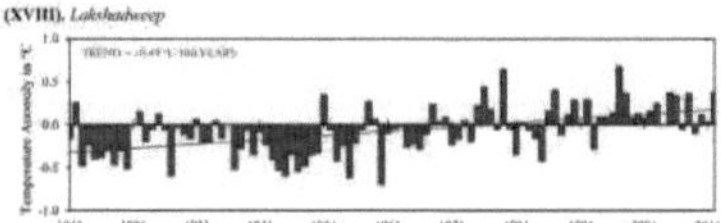

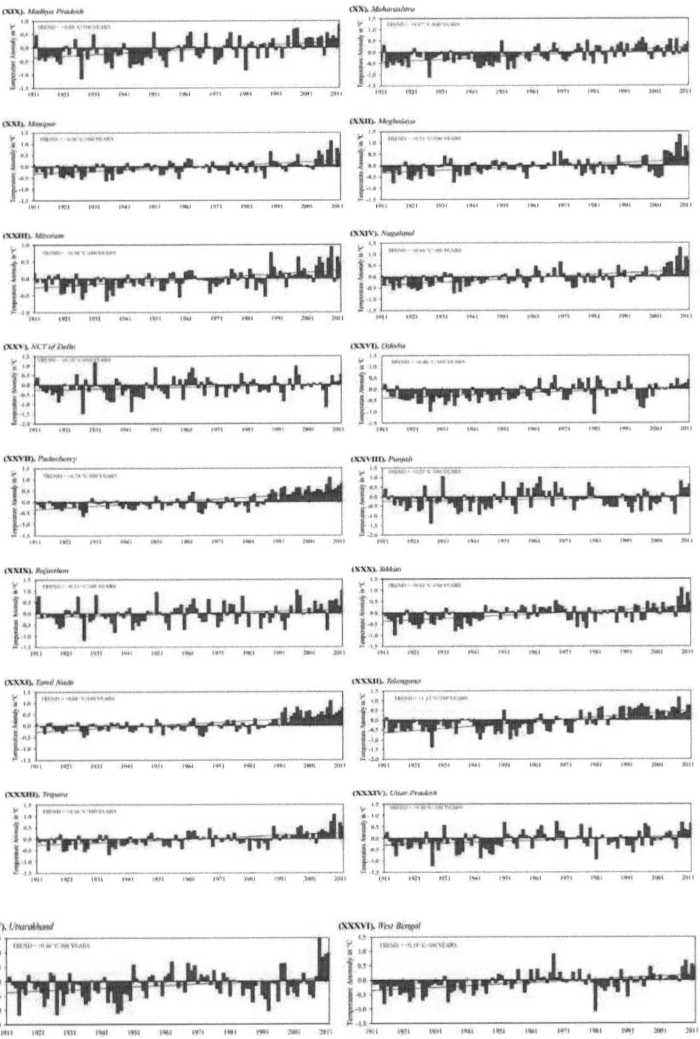

Fig. 3.4: *Anomalia de temperatura nos Estados (em relação à média de 1961 - 1990)*

Alterações da precipitação

A análise da tendência da precipitação a nível nacional mostra uma alteração negativa mas insignificante de 0,9 cm durante o último século. Obviamente, o quantum médio de precipitação ao longo de 102 anos diminuiu, o que é muito revelador. Como mostra a Fig. 3.5, há vários períodos de aumento e declínio da precipitação, mas o padrão geral é bastante ruidoso e flutuante.

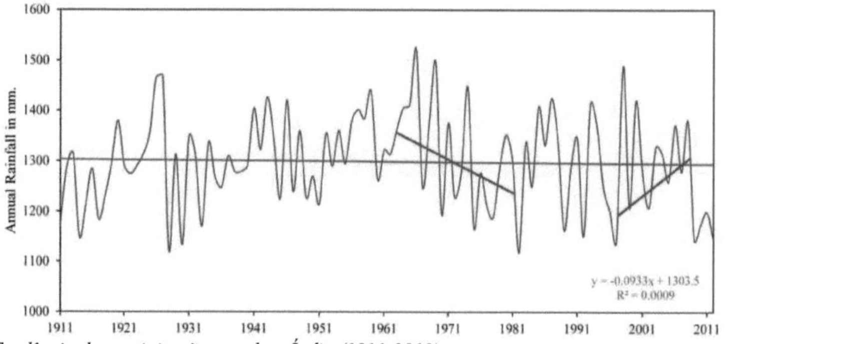

Fig. 3.5: *Tendência da precipitação anual na Índia (1911-2012)*

Os resultados da análise da tendência da precipitação para os Estados foram resumidos no Quadro 3.2.

Tabela 3.2: *Mudanças na precipitação anual na Índia durante 1911-2012*

Estados que registam um aumento da precipitação	*Tendência da precipitação em cm./100 anos*	*Estados que registam uma diminuição da precipitação*	*Tendência da precipitação em cm./100 anos*
Aumento significativo a 99%		***Diminuição significativa a 99%***	
NCT de Deli	16.10	Bihar	19.69
Punjab	11.24		
Aumento significativo a 95%		***Diminuição significativa a 95%***	
Jammu e Caxemira	15.27	Chhattisgarh	12.28
Telangana	12.07		
Haryana	10.62		
Andhra Pradesh	9.54		
Aumentar		***Diminuição***	

Dadra e Nagar Haveli	8.39	Nagaland	15.44
Puducherry	7.88	Manipur	14.80
Chandigarh	7.72	Jharkhand	13.61
Himachal Pradesh	4.56	Uttarakhand	13.05
Rajastão	2.79	Sikkim	12.53
Andaman e Nicobar	2.71	Tripura	11.93
Lakshadweep	2.71	Mizoram	8.87
Tamil Nadu	2.71	Assam	6.71
Bengala Ocidental	2.13	Uttar Pradesh	6.65
Kerala	1.29	Pradesh do Arunachal	5.71
Goa	1.10	Karnataka	3.24
Maharashtra	1.10	Meghalaya	2.99
		Madhya Pradesh	2.98
		Damão e Diu	1.30
		Gujrat	1.30

		Odisha	0.42

Fonte: Calculado

A Fig. 3.6 mostra a distribuição espacial das tendências da precipitação na Índia. É muito interessante notar que dos 36 estados, metade dos estados (18) registaram um aumento, enquanto a outra metade dos estados (18) registou uma tendência decrescente da precipitação durante o último século.

Apenas 8 Estados registam alterações significativas na precipitação. Destes 8 estados, 6 estados, nomeadamente NCT de Deli, Punjab, Jammu e Caxemira, Telangana, Haryana e Andhra Pradesh, registaram um aumento significativo, enquanto os estados de Bihar e Chhattisgarh registaram uma diminuição da precipitação. Os resultados da regressão indicam que os Estados que registaram uma precipitação elevada são susceptíveis de sofrer uma seca ou uma precipitação comparativamente menor nos próximos anos. É igualmente interessante notar que os Estados como Punjab, NCT de Delhi, Haryana e Chandigarh, onde a tendência da temperatura não foi significativa, registaram uma mudança positiva na precipitação. É evidente que os Estados mais atingidos pela pobreza, como Bihar, Jharkhand, Odisha, Chhattisgarh, Uttar Pradesh e as principais regiões agrícolas do país alimentadas pela chuva - as planícies de Ganga - enfrentam um défice de precipitação.

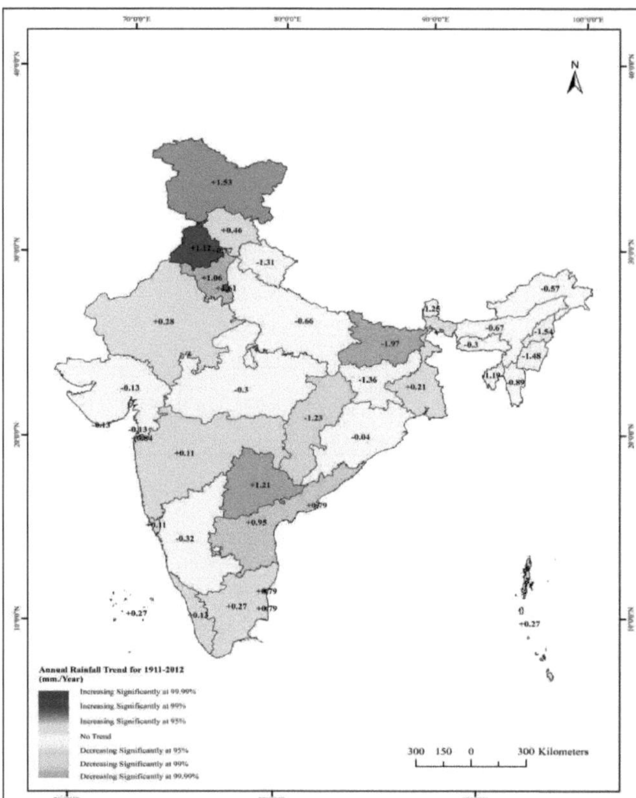

Fig. 3.6: *Alterações da precipitação anual na Índia durante*

Anomalia na precipitação

O padrão de anomalias de precipitação do país mostra um elevado grau de flutuações na precipitação em relação à linha de base. Há duas fases distintas visíveis no padrão de anomalia: menos flutuante antes de 1960 e uma fase mais flutuante depois (Fig. 3.7). No entanto, como mostra a linha de tendência, a precipitação diminuiu.

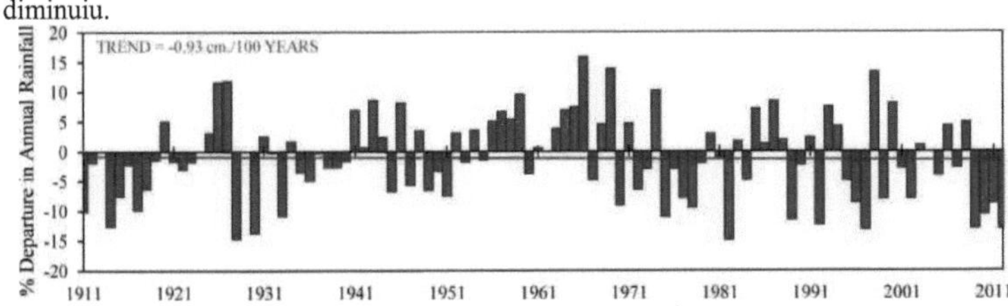

Fig. 3.7: *Anomalia da precipitação anual sobre a Índia em percentagem*

Tal como no caso do país, os frequentes altos e baixos no padrão de anomalias de precipitação também são evidentes no caso dos Estados. No entanto, os Estados como Bihar, Chhattisgarh, Nagaland, Manipur e Uttar Pradesh registaram um desvio negativo significativo em relação à linha de base durante a última década {ver Fig. 3.8 (I) a (XXXVI)}.

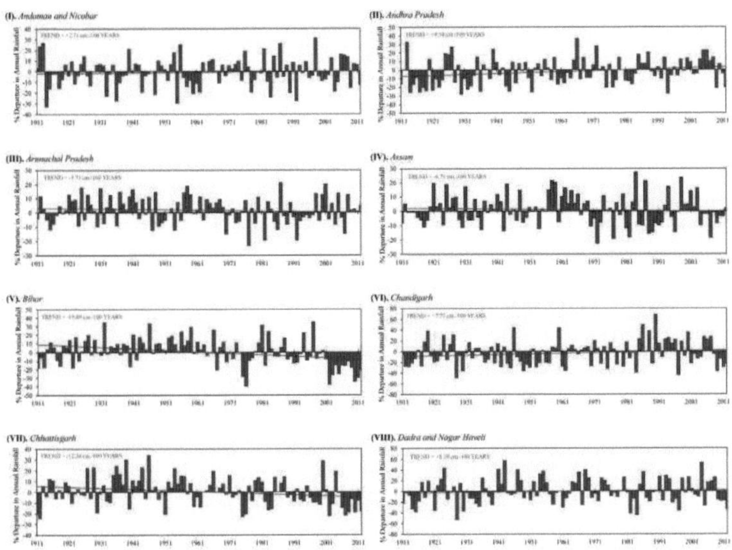

(IX). Daman and Diu

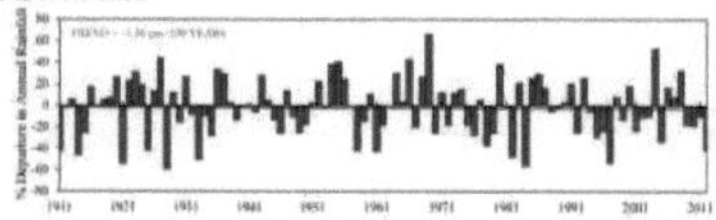

(X). Goa

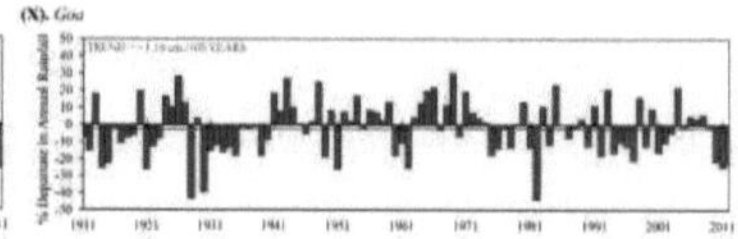

(XI). Gujrat

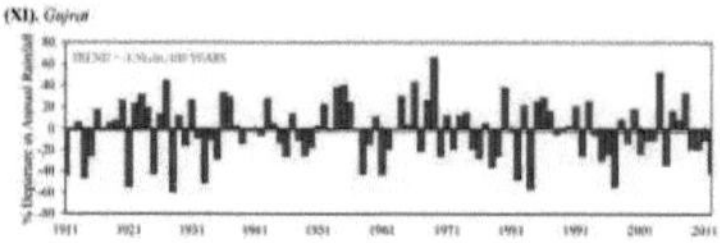

(XII). Haryana

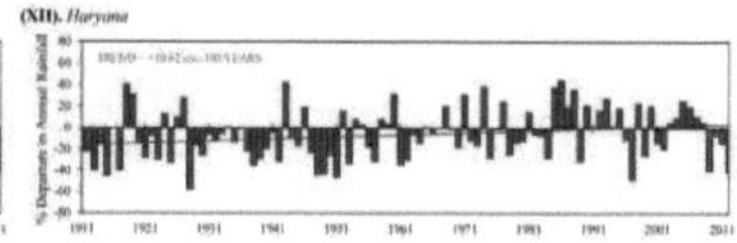

(XIII). Himachal Pradesh

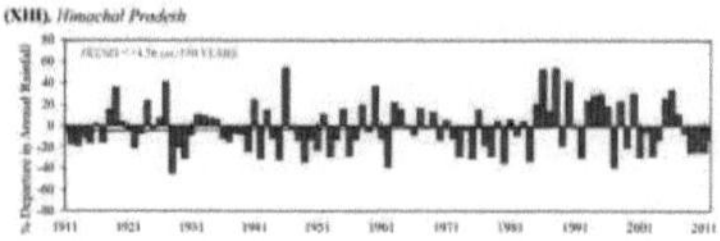

(XIV). Jammu and Kashmir

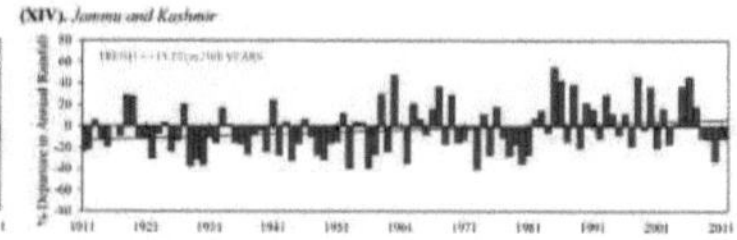

(XV). Jharkhand

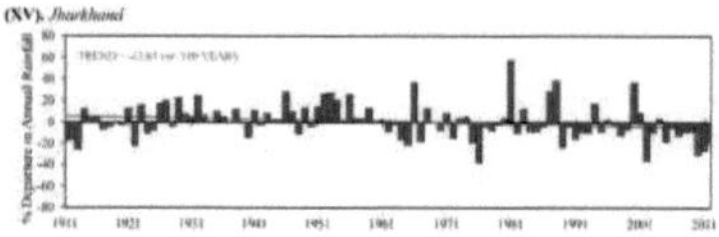

(XVI). Karnataka

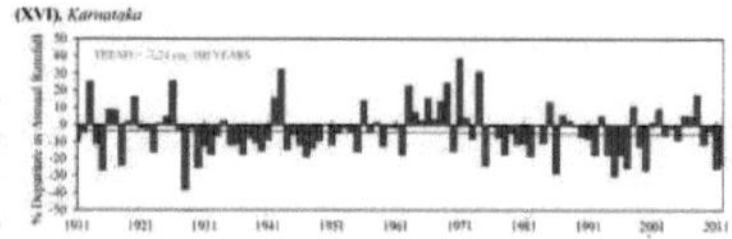

(XVII). Kerala

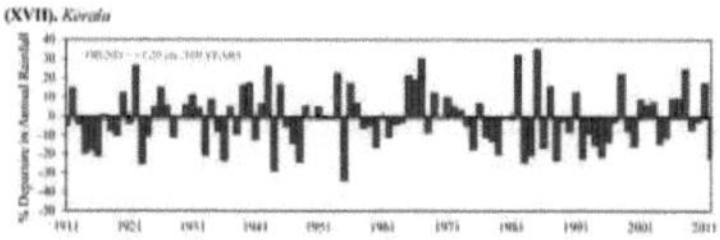

(XVIII). Lakshadweep

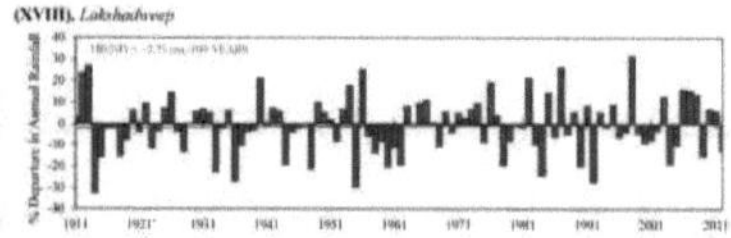

(XIX). Madhya Pradesh

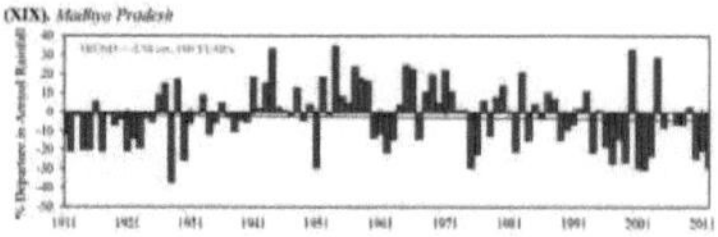

(XX). Maharashtra

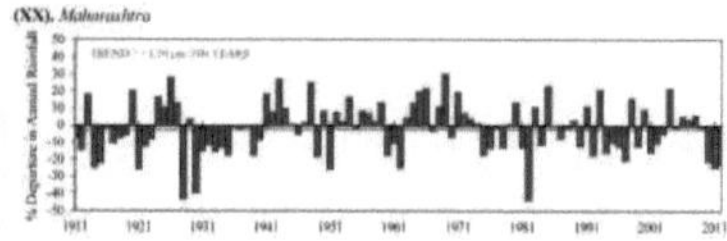

(XXI). Manipur

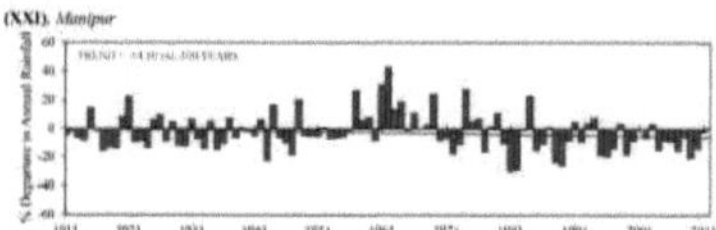

(XXII). Meghalaya

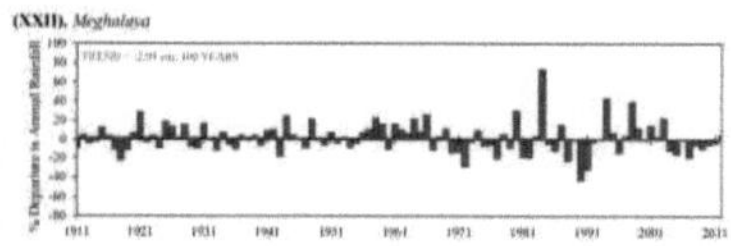

(XXIII). Mizoram

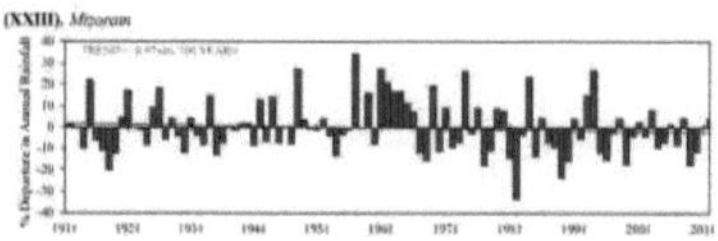

(XXIV). Nagaland

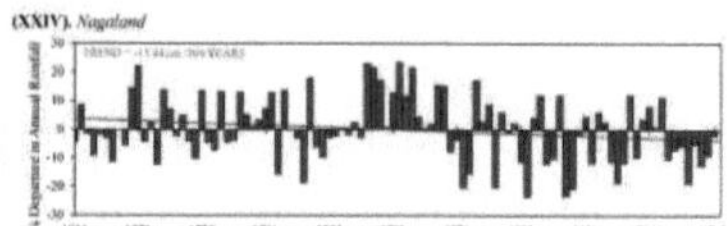

(XXV). NCT of Delhi

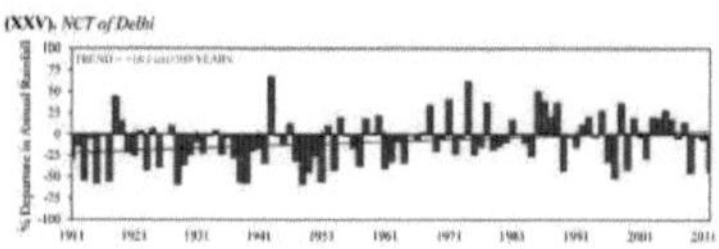

(XXVI). Odisha

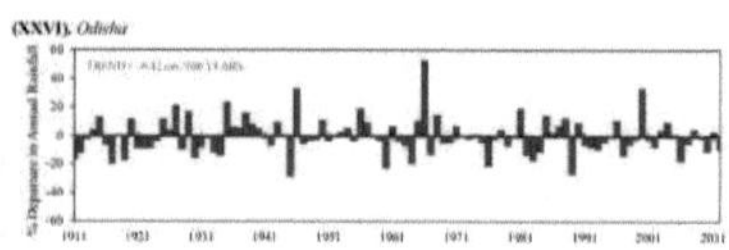

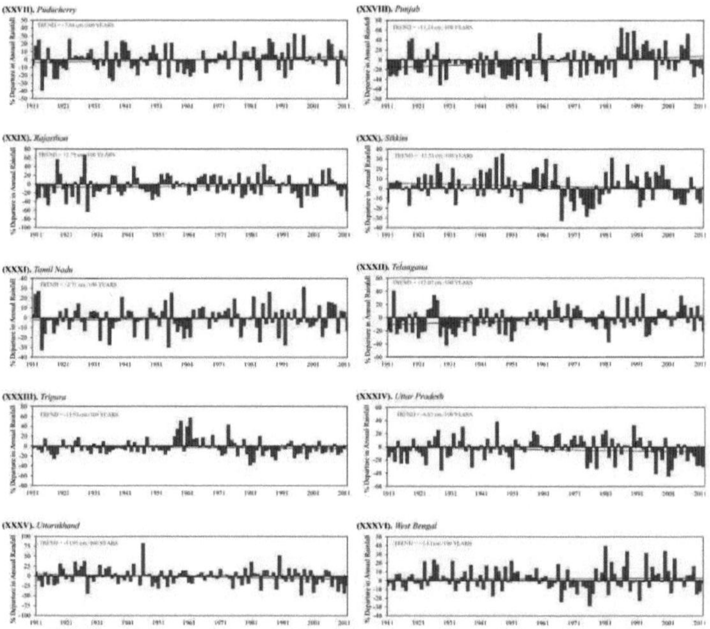

Fig. 3.8: *Anomalia da precipitação nos Estados (em relação à média de 1961 - 1990)*

Relação entre temperatura e precipitação

Nesta fase, é imperativo conhecer o tipo de relação que existe entre a temperatura média anual e a precipitação anual ao longo de 102 anos. Para o país no seu conjunto, esta relação é negativa (correlação de -0,13), o que indica que, com o aumento da temperatura, a precipitação diminuiu (Fig. 3.9).

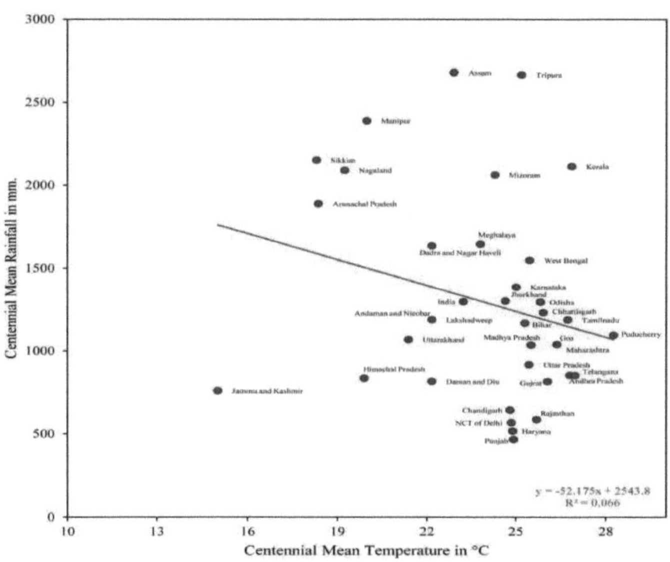

Fig. 3.9: *Relação entre temperatura e precipitação*

A análise de regressão destas duas variáveis a nível estatal indica claramente que não existe uma tendência discernível. A Tabela 3.3 mostra que, dos 36 estados, 31 têm uma relação negativa e que esta é significativa no caso de 19 estados. É de notar que os Estados que registam menos aquecimento em comparação com outros Estados do país (nomeadamente Rajasthan, Haryana, Punjab, NCT de Delhi e Chandigarh) registaram uma relação negativa muito significativa entre a temperatura e a precipitação. Os cinco Estados, nomeadamente Andaman e Nicobar, Lakshadweep, Puducherry, Tamil Nadu e Tripura, registaram, no entanto, um aumento da precipitação com o aumento da temperatura.

Tabela 3.3: *Correlação entre temperatura e precipitação para 102 anos (1911-2012)*

Estados com relações positivas	*Correlação*	*Estados com relação negativa*	*Correlação*	*Estados com relação negativa a um nível de confiança de 95%*	*Correlação*	*Estados com relação negativa a um nível de confiança de 99*	*Correlação*
Andamão	0.13	Nagaland	-0.18	Damão e	-0.25	Rajastão	-0.50
e Nicobar				Diu			
Lakshadweep	0.13	Assam	-0.18	Himachal	-0.23	Chhattisgarh	-0.45
				Pradesh			
Puducherry	0.10	Karnataka	-0.16	Meghalaya	.0.20	Jharkhand	-0.45
Tamil Nadu	0.05	Jammu e	-0.16			Haryana	-0.42
		Caxemira					
Tripura	0.01	Dadra e	-0.15			Madhya	-0.40
		Nagar				Pradesh	
		Haveli					
		Mizoram	-0.12			Punjab	-0.37
		Manipur	-0.11			Bihar	-0.36
		Telangana	-0.11			NCT de	-0.35
						Delhi	
		Arunachal	-0.07			Gujrat	-0.33
		Pradesh					

		Sikkim	-0.05			Chandigarh	-0.33
		Andhra	-0.04			Uttar	-0.30
		Pradesh				Pradesh	
		Kerala	-0.03			Goa	-0.29
						Maharashtra	-0.29
						Uttarakhand	-0.29
						Oeste	-0.29
						Bengala	
						Odisha	-0.28
Fonte: Calculado							

Em conclusão, pode dizer-se que a temperatura está a registar uma tendência de aumento, enquanto a precipitação, em média, tem mostrado uma tendência de diminuição. No entanto, a análise a nível estatal não confirma categoricamente este resultado, uma vez que existem diversas variações regionais.

A análise dos dados, no seu conjunto, revela que a parte meridional é mais frágil em termos de variação da temperatura porque é suscetível de registar um maior aumento da temperatura em comparação com a parte setentrional da Índia. Este facto parece obviamente contrário aos resultados do modelo apresentados por Rupa Kumar et al. (2006); Lal e Harasawa (2001); e Lal e Singh, (2001). Esta variação pode dever-se ao facto de estes estudiosos terem utilizado os modelos desenvolvidos no mundo ocidental com base em parâmetros que não estão sincronizados com as condições indianas. A Índia faz parte do território das monções e, por conseguinte, é necessário desenvolver modelos autóctones baseados no nosso conjunto de dados para uma modelação mais realista.

Capítulo 4

Meio físico-cultural da zona de estudo: Uttarakhand

O capítulo anterior centrou-se na análise dos padrões de temperatura e precipitação para obter as tendências que estão a surgir na Índia. No entanto, o clima é um fenómeno geográfico e, para compreender o clima a nível micro, torna-se imperativo conhecer as caraterísticas geográficas de uma região. O investigador escolheu Uttarakhand como área de estudo para compreender melhor as mudanças que estão a ocorrer no clima a nível micro. Este capítulo apresenta o Uttarakhand, focando em pormenor os seus aspectos físicos, sociais e económicos.

Uttarakhand, a "morada dos deuses", é uma região de beleza natural excecional, com um enorme potencial de crescimento e desenvolvimento sustentáveis (Fig. 4.1). A região norte do Estado faz parte da cordilheira dos Grandes Himalaias, coberta de neve e glaciares. Outras partes de Uttarakhand estão cobertas por densas florestas que constituem a maior parte dos seus recursos naturais.

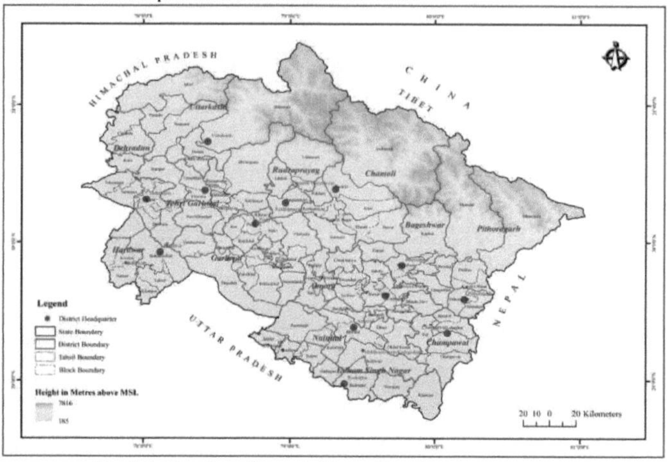

Fig.4.1: *Estado indiano de Uttarakhand*

Devido às suas regiões amplamente montanhosas, o estado é dotado de um ecossistema único que alberga um grande número de flora e fauna. Dois dos rios mais importantes do subcontinente indiano - o Ganga e o Yamuna - também têm origem nos glaciares de Uttarakhand. Os recursos naturais da região prestam serviços de apoio à vida, de abastecimento, de regulação e de "ecossistema" cultural a milhões de pessoas locais e a jusante.

Geologia

As colinas de Uttarakhand constituem a parte mais oriental dos Himalaias ocidentais. De sul para norte, os Himalaias de Uttarakhand podem ser divididos nas três zonas geológicas paralelas seguintes:

i. **Sub-Himalaia ou cordilheira de Siwalik:** Esta zona situa-se entre a planície indo-gangética e os Himalaias menores. A faixa do sopé desta região é inteiramente constituída por sedimentos Siwalik. Estas camadas de arenito e xisto estão separadas das faixas eocénicas dos Himalaias menores pela "Grande Falha de Fronteira". São compostos principalmente por sedimentos terciários e estão relacionados com a última fase da orogenia alpino-himalaiana. No sul, estão enterrados sob o aluvião do Ganges (Burrard & Hayden, 1907).

ii. **Himalaia Menor:** Esta parte dos Himalaias situa-se entre os Siwaliks e a zona dos Grandes Himalaias. É delimitada pela "falha principal de fronteira" a sul e pelo "impulso central principal" a norte. É uma zona cristalina de sedimentos não fossilíferos (ou pouco fossilíferos) com rochas tectónicas complexas dos períodos Algonquiano a Eocénico (Wadia, 1966). As contorções dos estratos mostram que a região dos Himalaias Menores foi horizontalmente comprimida em todo o lado. As rochas desta faixa incluem ardósias, pirites, arenitos, dolomites, quartzitos e calcários.

iii. **Grandes Himalaias:** A região superior ou Grande Himalaia situa-se a norte do impulso central principal. O lençol cristalino da zona superior dos Himalaias é constituído por rochas metamórficas antigas e é composto por uma série de sedimentos altamente fossilíferos. As principais rochas desta zona são quartzitos, magnetites, gneisses, granitos, xistos, dioritos e anfibólios (Singh, 1993; Wadia, 1966).

A Fig. 4.2 apresenta um quadro geológico pormenorizado de Uttarakhand.

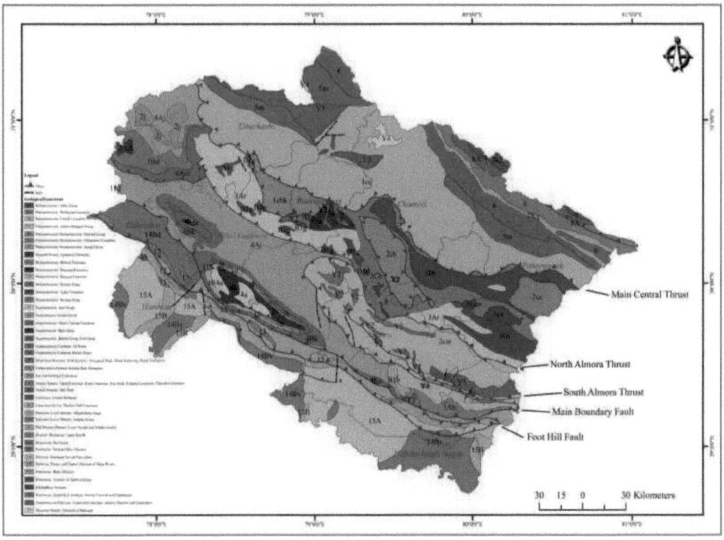

Fig. 4.2: *Mapa geológico de Uttarakhand*

Alívio

A topografia de Uttarakhand caracteriza-se por um terreno acidentado, montanhas escarpadas, vales profundos, picos elevados, ribeiros e riachos rápidos, erosão rápida dos solos, deslizamentos de terras frequentes e habitações muito dispersas. O relevo do Estado é muito variável e oscila entre 185 e 7816 metros (Fig. 4.3).

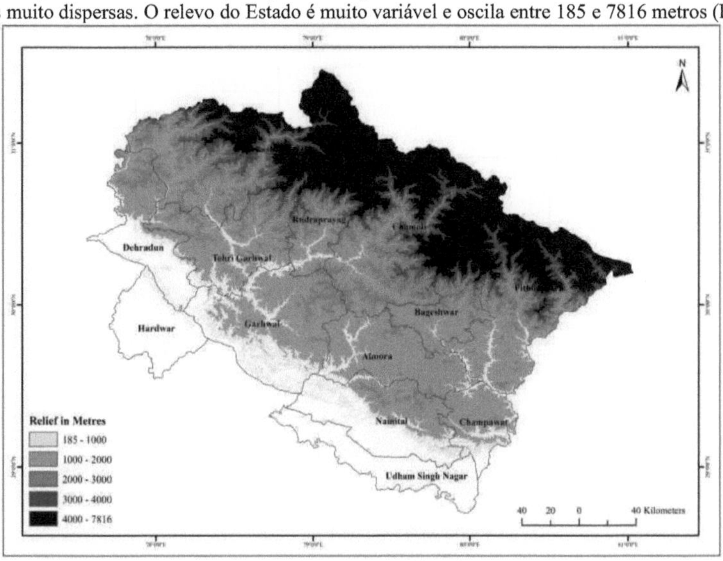

Fig. 4.3: *Mapa de relevo de Uttarakhand*

O Estado pode ser dividido em várias zonas de altitude, como mostra o Quadro 4.1.

Quadro 4.1: *Várias zonas de altitude de Uttarakhand*

Distrito/Estado	Percentagem de superfície em várias zonas de altitude

	<1000 m.	1000-2000 m.	2000-3000 m.	>3000 m.
Almora	13	85	2	0
Bageshwar	2	57	21	20
Chamoli	1	19	21	59
Champawat	38	61	1	0
Dehradun	56	34	10	0
Hardwar	100	0	0	0
Nainital	67	30	3	0
Garhwal	44	48	8	0
Pithoragarh	4	26	11	59
Rudraprayag	7	21	38	34
Tehri Garhwal	23	44	22	11
Udham Singh Nagar	100	0	0	0
Uttarkashi	1	19	21	59
Uttarakhand	*26*	*33*	*13*	*28*

Fonte: Uttarakhand num relance, 2015

A maior parte da superfície do estado é altamente irregular e o declive é quase íngreme. A inclinação geral do estado é de nordeste para sudoeste (Fig. 4.4).

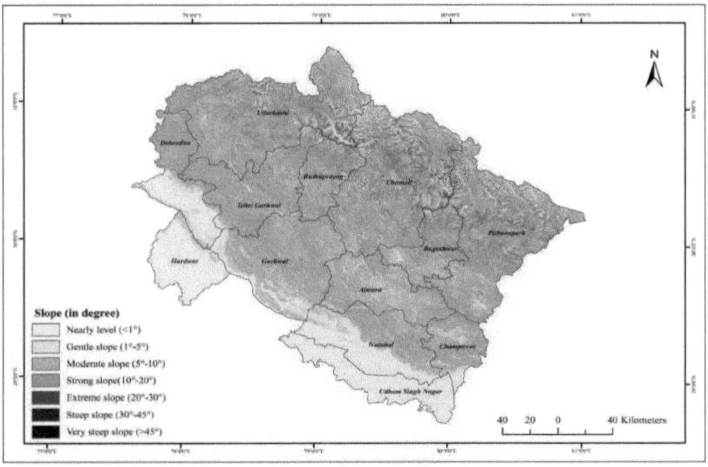

Fig.4.4: *Mapa de declives de Uttarakhand*

Divisões fisiográficas

Com base nos atributos fisiográficos, o Estado pode ser dividido em quatro grandes divisões fisiográficas de norte a sul: os Grandes Himalaias, os Pequenos Himalaias, os Shiwaliks e as planícies do Tarai (Fig. 4.5).

i. **Os Grandes Himalaias:** Uma área de cinquenta quilómetros de largura a noroeste do estado, que faz fronteira com o Tibete, situa-se nos Grandes Himalaias, conhecidos como Himadari. Esta zona é altamente acidentada, dissecada e difícil, com encostas cobertas de neve precipitadas, picos em forma de chifre, vales suspensos e escarpas gigantescas. O relevo situa-se, em média, entre 4800 e 6000 m acima do nível médio das águas do mar. As cordilheiras funcionam como barreiras à monção oriental e meridional que se aproxima. Existem muitos picos montanhosos majestosos e cobertos de glaciares, como Nanda Devi (7816 m), Kamet (756 m), Badrinath (7138 m), Trishul (7 120 m), Dunagiri (7066 m), Kedar Nath (6940 m), Nanda Hat (6861 m), Gangotri (6 614 m) e Bandar Punch (6 315 m). Nanda Devi é o segundo pico mais alto da Índia. Entre os famosos glaciares de Gangotri e Yamunotri, no distrito de Uttarkashi, encontram-se as nascentes dos rios Ganga e Yamuna, respetivamente.

ii. **Os Himalaias Menores:** Situa-se entre o sul dos Grandes Himalaias e o norte dos Shiwaliks, com uma largura aproximada de 75 km. Trata-se de um maciço montanhoso constituído por uma série de cumes divididos entre si por vales profundos. O relevo médio dos cumes desta zona varia entre 1500 e 2700 m. e o dos fundos dos vales entre 500 e 1200 m. acima do nível médio das águas do mar. Muitas estações de montanha, como Nainital, Mussorie, Lansdowne, Chakrata, etc., estão situadas nestas regiões, atraindo um grande número de turistas. Os lagos mais importantes de Kumaon Himalayas são Naini Tal, Bhim Tal, Naukuchiya Tal, Sat Tal, Puna Tal, Khurpa Tal, Sukha Tal e Saria Tal. Estes lagos estão confinados a uma faixa de aproximadamente 25 km de comprimento e 4 km de largura, perto da margem exterior dos Himalaias Menores, no distrito de Nainital. Nos Himalaias de Garhwal, o lago Gohna e o Diuri Tal são os mais importantes.

iii. **Os Shiwaliks (os Himalaias exteriores):** Imediatamente abaixo e entre o sul

A norte dos Himalaias Menores e da planície do Ganges, encontra-se uma longa cadeia de colinas estreitas e baixas, conhecidas como Shiwaliks. É quase paralela às principais cadeias dos Himalaias Menores, com uma altura média de 300-900 m. estendendo-se na direção NW-SE, formando as cadeias exteriores do sistema dos Himalaias. No entanto, as cordilheiras de Shiwalik têm uma crista acentuada entre 750-1200 m acima do nível do mar. Nas encostas meridionais, os Shiwaliks têm escarpas íngremes, enquanto a norte descem suavemente para vales estruturais de piso plano chamados Duns. Os Duns mais importantes são Dehra, Kohtri, Chaukhamba, Patti e Kota. Dehra é o maior (cerca de 35 km de comprimento e 25 km de largura) e bem desenvolvido Dun de Shiwaliks.

iv. **Piedmonts e Tarai:** Esta é a faixa sub-montana - que corre ao longo dos pés de Shiwaliks de oeste para leste (formando a parte norte da planície Gangetic), compreende duas faixas paralelas conhecidas como Bhabar e Tarai. O Bhabar é uma zona porosa de declive suave - um grande piemonte detrítico, que contorna os Shiwaliks, onde se depositam detritos mais grosseiros (rochas e pedras) e onde os cursos de água se infiltram subitamente abaixo da superfície. Esta zona é larga a oeste, mas estreita-se para leste. Os cursos de água mais pequenos, quando voltam a emergir no bordo exterior achatado do Bhabar, formam uma zona pantanosa denominada *Tarai*. Esta faixa estreita, de nível a suavemente inclinada, com um lençol freático elevado, representa uma zona única de infiltração onde areia fina, silte e argila são depositados pelos cursos de água que emergem. Originalmente, esta área pantanosa e florestal tinha cerca de cem quilómetros de largura, mas grande parte foi tão alterada por medidas de colonização e recuperação que o verdadeiro *Tarai* está agora confinado a uma faixa relativamente estreita ao longo do *Bhabar*.

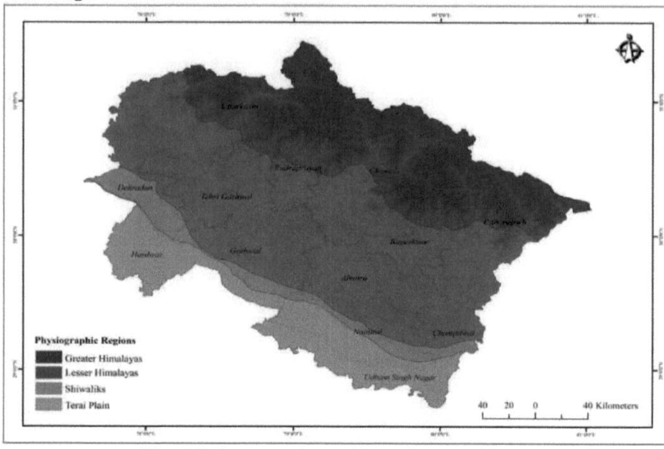

Fig. 4.5: *Divisões fisiográficas de Uttarakhand*

Drenagem

O Uttarakhand é bem drenado por numerosos rios e riachos (conhecidos localmente como Gad) (Fig. 4.6). O principal sistema de drenagem de Uttarakhand pode ser agrupado nas seis bacias hidrográficas seguintes:

i. **Bacia hidrográfica do Yamuna:** O rio Yamuna nasce na base do pico de Bandarpunch. Esculpiu um profundo desfiladeiro em forma de V. O Yamuna atravessa a cordilheira de Nag Tibba e a cordilheira de Mussoorie perto de um local chamado Ponte Yamuna. Os rios Tons, Pabar e Aglar são os seus afluentes mais importantes. Passa pelo vale de Doon na sua fronteira ocidental.

ii. **Bacia hidrográfica de Bhagirathi:** Este é um dos dois rios que se juntam para formar o rio Ganges. Tem origem no focinho do glaciar Gangotri em Gaumukh, que se encontra na base do pico Chaukhamba. O rio Bhagirathi cortou um profundo desfiladeiro através das rochas graníticas dos Himalaias superiores de Garhwal. Os seus principais afluentes são o rio Janhavi e o Bhilangna.

iii. **Bacia hidrográfica de Alaknanda:** O rio Alaknanda junta-se ao rio Bhagirathi em Devprayag para formar o rio Ganga. Tem origem nas encostas orientais de Chaukhamba, nos glaciares Bhagirathi Kharak e Satopanth. O rio corre ao lado do templo de Badrinath. Os seus principais afluentes são o Khiraonganga, o Pindar Dhauliganga, o Birahi, o Nandakini, o Mandakini, etc. Formou um amplo vale em Srinagar (Garhwal).

iv. **Captação de Mandakini:** Nasce do glaciar Mandakini, perto de Kedarnath. Atravessa um desfiladeiro de detritos glaciares. O rio formou terraços rodoviários em Augustmuni e Tilwara. Em Tilwara, junta-se-lhe o rio Lastar Gad. O rio Mandakini junta-se ao rio Alaknanda em Rudraprayag.

v. **Bacia hidrográfica do Pindar:** O rio Pindar tem origem no glaciar Pindari, que se situa entre os picos Nanda Devi e Nanda Kot. O rio Sundardhunga junta-se ao Pindar perto de Dhakuri. O Pindar junta-se ao rio Alaknanda perto de Karanprayag.

vi. **Bacia hidrográfica de Kali:** O rio Kali constitui a fronteira entre Kumaon e o Nepal. O rio Kali constitui a fronteira entre o Nepal e os distritos fronteiriços de Pithoragarh e Chamoli. Os principais afluentes do Kali são o Ladiya, o Sarayu-Ramganga East, o Goriganga, o Dhauliganga East e o Kuti Yangte.

Estas seis bacias hidrográficas estão divididas em 26 bacias hidrográficas, 110 pequenas bacias hidrográficas e 1110 microbacias hidrográficas. Uttarakhand tem 31 lagos naturais que cobrem uma superfície de cerca de 300 ha (Lago Naini, Lago Bhimtal, Shyamla Tal, Shyamla Tal, Lago Sattal, Sahastra Tal, Deoria Tal, Kedar Tal, Dodi Tal, Roopkund, Satopanth Tal, Panna Tal, Kashni Tal, Lago Kagbhusandi, Naukuchiatal, Lago Maneri Bhali, Vasuki Tal, Dhalipur Tal, Hem Kund, etc.). O Estado possui 13 reservatórios artificiais de grandes dimensões (barragem de Ichari em Dehradun; barragem de Ramganga em Garhwal; barragem de

Bhimtal em Nainital; barragem de Dhauliganga em Pithoragarh; barragens de Koteshwar e Tehri em Tehri Garhwal; Baigul, Baur, Dhora, Haripura, Nanak Sagar e Tumaria em Udham Singh Nagar; e Maneri no distrito de Uttarkashi), cobrindo uma área de 20 075 ha. Além disso, há um total de 1.545 pequenos lagos/tanques que cobrem uma área de 604 ha no Estado e que são geralmente utilizados para irrigação.

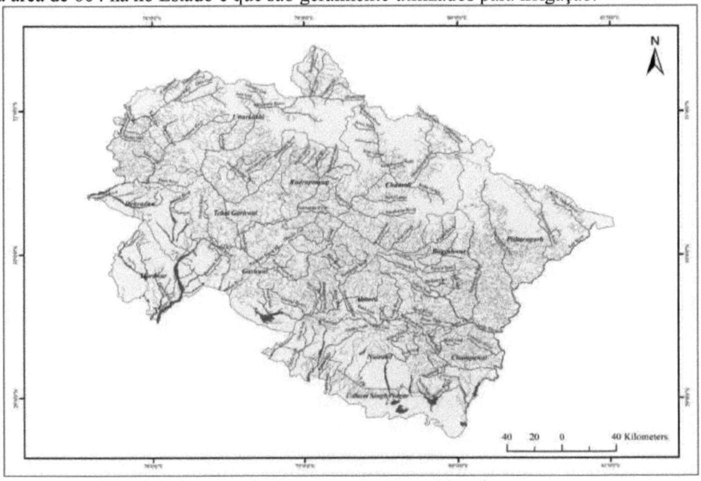

Fig. 4.6: *Sistema de drenagem de Uttarakhand*

Clima

O clima de Uttarakhand é muito variado, em grande parte devido às variações de altitude. Passa de tropical a temperado e permanece rigorosamente frio perto da linha de neve. A temperatura média no Estado varia entre -1,7°C e 42°C. A temperatura mais baixa registada é de -3,0°C em Mukteshwar e a mais alta de 43,2°C em Pantnagar. A temperatura média da maior região montanhosa varia entre 5° e 10°C durante o inverno e entre 20° e 30°C durante o verão. Nos vales médios dos Himalaias prevalecem condições temperadas quentes, com temperaturas estivais de 25°C e invernos comparativamente frescos. Por outro lado, o clima das planícies é quente e seco; a temperatura média durante o inverno ronda os 18°-20°C e a temperatura no verão ultrapassa, em média, os 38°C. As condições temperadas frias dominam as regiões mais elevadas dos Himalaias Centrais, onde as temperaturas no verão são geralmente de 15° a 18°C e no inverno descem abaixo do ponto de congelação. Em altitudes superiores a 4880 m, a temperatura é extremamente fria, permanecendo na maior parte das vezes abaixo do ponto de congelação (Fig. 4.7).

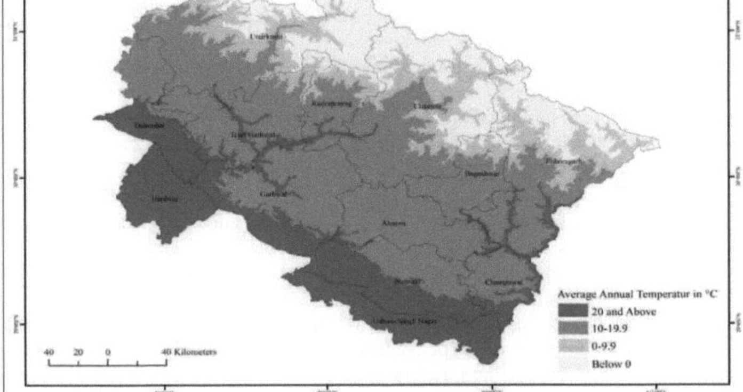

Fig. 4.7: *Distribuição da temperatura em Uttarakhand (dados interpolados)*

A maior parte da região é afetada por fortes nevões entre dezembro e março e está permanentemente coberta de neve e gelo. Durante a estação das chuvas (meados de junho a meados de setembro), a precipitação é abundante na região. A precipitação média anual no Estado é de 185 cm, variando entre 92 cm em Srinagar e 250 cm em Nainital. A quantidade de precipitação é geralmente elevada nas regiões montanhosas baixas como Nainital e Dehradun e diminui gradualmente com o aumento da altura (Fig. 4.8). Cerca de 75 por cento da precipitação total está confinada à estação das monções e os restantes 25 por cento ocorrem nas outras estações devido às perturbações ocidentais e aos efeitos orográficos locais.

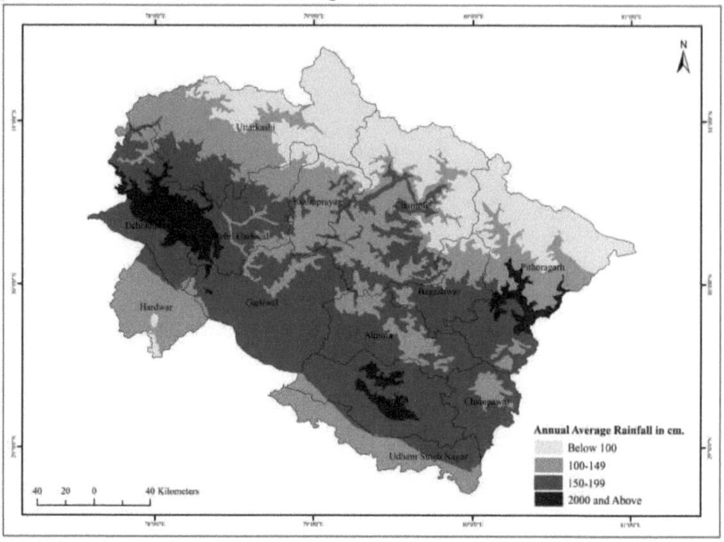

Fig. 4.8: *Distribuição da precipitação em Uttarakhand (dados interpolados)*

Micro regiões climáticas

Com base na direção e no declive das regiões montanhosas, na intensidade do coberto florestal e na proximidade dos glaciares, a região pode ser dividida em seis zonas microclimáticas (Fig. 4.9):

i. **Tropical húmido (região do Tarai):** Esta zona abrange toda a região do Tarai. A temperatura média anual varia entre 20°C e 25°C. A região recebe anualmente cerca de 157 a 170 cm. de precipitação, dos quais quase 85% ocorrem em quatro meses, de junho a setembro. As depressões de inverno dão cerca de 12 a 25 cm de chuva entre o início de dezembro e abril, e em maio há uma pequena precipitação convectiva (cerca de 3 cm).

ii. **Tropical húmido (região de Bhabhar):** A temperatura média anual varia entre 14°C e 20°C nesta zona. A estação do verão começa no final de abril. Em maio e junho, a temperatura varia entre 26,1°C e 32,2°C durante o dia, enquanto a noite regista uma descida de 13°C a 17°C. A monção começa no final de junho e termina em meados de setembro.

iii. **Mesotérmico Húmido (Zona de Transição):** Nesta zona, a temperatura média anual varia entre 10°C e 14°C, subindo para 17,2°C a 21°C no mês mais quente e descendo para 6° C a 2,9°C em janeiro. Em maio e junho, a amplitude térmica diária é de 15°C a 20°C devido à radiação nocturna e ao ar seco. A partir de julho, a amplitude diária diminui até março, altura em que começa novamente a aumentar. A precipitação da monção de verão varia entre 125 cm. e 150 cm., de acordo com a topografia local. No inverno, cerca de 25 a 30 cm. de precipitação provêm das depressões ocidentais, principalmente sob a forma de queda de neve. A força total da monção faz-se sentir em agosto e, geralmente, esgota-se em meados de setembro.

iv. **Mesotérmico húmido (colinas moderadas):** A temperatura média anual desta zona varia entre 4°C e 10°C. Prevalece um grande inverno frio de mais de 5 meses com temperaturas inferiores a 6°C. A amplitude diária das temperaturas em junho e julho é superior a 25°C. Esta zona regista uma quantidade de precipitação estival muito menor do que qualquer uma das zonas meridionais. Antes de atingir a zona dos grandes Himalaias, a monção tem de atravessar a cordilheira de Dhaula Dhar, que impede o seu avanço. Apenas algumas nuvens conseguem atravessar esta cordilheira e avançar para a crista principal. Por conseguinte, existem diferenças acentuadas na quantidade de precipitação na frente e na retaguarda desta cordilheira principal. De junho a setembro, a precipitação varia entre 37 cm e 50 cm. na zona frontal e 20 a 25 cm. na zona posterior. As depressões invernais provocam uma queda de neve de 3 a 5 metros de novembro a maio e, por vezes, a queda de neve prolonga-se até meados de junho.

v. **Microtermal húmido (colinas altas):** Nesta zona, a temperatura permanece abaixo dos 6°C durante pelo menos 7 meses por ano e nos meses de janeiro desce abaixo dos -6°C. A primavera, o verão e o outono ocorrem apenas durante cinco meses, ou seja, de maio a setembro, mas a queda de neve ocorre mesmo em junho. As temperaturas nocturnas, mesmo durante o verão, mantêm-se abaixo dos 4,4°C. As chuvas de verão não são apenas monçónicas, mas também convectivas. O efeito das grandes extensões de neve é duplo. Arrefecem o ar em contacto e, assim, o ar frio afunda-se e expande-se no vale, resultando na precipitação da humidade contida no ar frio. De novembro a meados de maio, a zona permanece coberta de neve gelada, que derrete entre junho e setembro.

vi. **Neve perpétua (colinas muito altas):** Esta zona está limitada às altitudes de 4000 metros e acima. Nesta zona, as temperaturas mantêm-se abaixo de zero durante dez meses e entre 2,2°C e 3,9°C durante dois meses no verão. A neve derrete durante a monção, em julho e agosto. Aqui, as florestas alpinas sofrem uma transição gradual através de arbustos xerófitos para as pastagens alpinas (*Bugyal*). Por vezes, as florestas alpinas podem ser vistas até cerca de 4200 metros, mas acima dos 4800 metros, a paisagem é um deserto frio sem vegetação. Na região, cerca de 90 por cento da precipitação é registada nos quatro meses de junho a setembro.

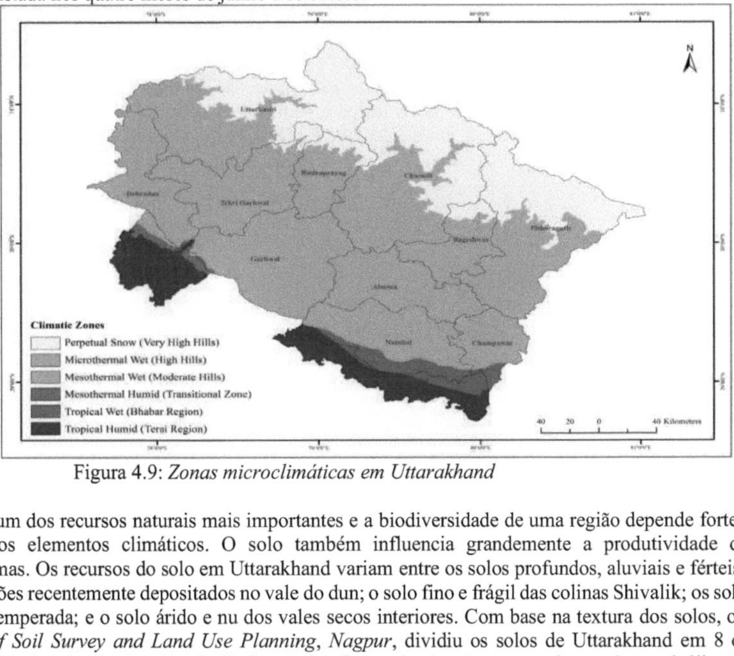

Figura 4.9: *Zonas microclimáticas em Uttarakhand*

Solo

O solo é um dos recursos naturais mais importantes e a biodiversidade de uma região depende fortemente do solo e dos elementos climáticos. O solo também influencia grandemente a produtividade dos agro-ecossistemas. Os recursos do solo em Uttarakhand variam entre os solos profundos, aluviais e férteis do Tarai e os aluviões recentemente depositados no vale do dun; o solo fino e frágil das colinas Shivalik; os solos negros da zona temperada; e o solo árido e nu dos vales secos interiores. Com base na textura dos solos, o *National Bureau of Soil Survey and Land Use Planning*, *Nagpur*, dividiu os solos de Uttarakhand em 8 categorias diferentes: solos do Tarai, solos de Bhabar, solos florestais cinzentos-castanhos, solos podzólicos, solos de prados de montanha, solos esqueléticos, solos arenosos vermelhos e campos de neve (Fig. 4.10):

i. Para além dos solos em socalcos e não socalcados das colinas, uma grande quantidade de terras situa-se no Tarai. Em 1948, uma grande parte das florestas foi desbravada para recuperação e colonização na região do Tarai do Estado. A capacidade de retenção de água do solo do Terai é elevada devido ao baixo teor de areia. Este solo ligeiramente alcalino é deficiente em ácido fosfórico mas rico em azoto.

ii. Os solos de Bhabar ocorrem sob a forma de uma faixa estreita na região do sopé dos Himalaias de Garhwal. Estes solos desenvolveram-se sob um clima sub-húmido e húmido que se torna seco durante os meses de verão. Estes solos encontram-se sob a forma de pequenos seixos, cascalhos grosseiros e detritos transportados mecanicamente das colinas adjacentes. A textura do solo é cascalhenta, fina, silenciosa e invariavelmente de natureza calcária. Os solos são de cor cinzenta escura a preta e têm uma reação moderadamente alcalina. São ricos em nutrientes para as plantas, mas, apesar disso, não suportam o cultivo normal, especialmente devido à escassez de humidade devido à rápida percolação e drenagem subterrânea.

iii. Os solos franco-arenosos vermelhos são geralmente de natureza arenosa e encontram-se sobretudo ao longo das encostas das colinas e dos cumes. Ocorrem em locais que recebem a radiação solar máxima e são secos devido à sua situação na encosta.

iv. Os solos de floresta castanha cinzenta encontram-se geralmente em regiões subtropicais entre 610 e 915 metros. Estes solos, geralmente, suportam florestas de folha caduca. Estes solos são ricos em alimentos para as plantas, porque nesta região a precipitação e a temperatura são mais elevadas, o que favorece o crescimento da vegetação. As folhas em decomposição das árvores desempenham um papel importante na formação da matéria orgânica do solo. Este solo suporta uma vegetação densa e espessa que não só é responsável pela fertilidade comparativamente elevada, como também impede que os solos sejam arrastados durante as chuvas torrenciais.

v. Os solos podzólicos encontram-se na zona temperada fria a uma altura de 916 a 1830 metros. Trata-se de solos lixiviados e ácidos, com pH inferior a 6 e baixa fertilidade. Este tipo de solo é geralmente adequado para florestas de coníferas, frutos e cultivo de batata.

vi. Os solos de prados de montanha encontram-se normalmente perto de locais frescos e com pouca sombra. Devido ao nível muito elevado das águas subterrâneas, o solo permanece sempre húmido e a matéria orgânica não se decompõe completamente em húmus.

vii. As zonas de campos de neve não são efetivamente solos, mas sim zonas estéreis dos Himalaias. A atual zona glaciar dos Himalaias situa-se aproximadamente entre 3350 metros e 7000 metros acima do nível médio das águas do mar e encontra-se nos distritos de Pithoragarh, Chamoli e Uttarkashi.

viii. Os solos esqueléticos têm a sua génese em terrenos inclinados. São formados a partir de uma variedade de materiais de origem. Trata-se de solos líticos e de textura ligeira. Estes solos encontram-se em Uttarkashi, Chamoli e Pithoragarh. Estes solos são adequados para a vida selvagem, a silvicultura e o pastoreio.

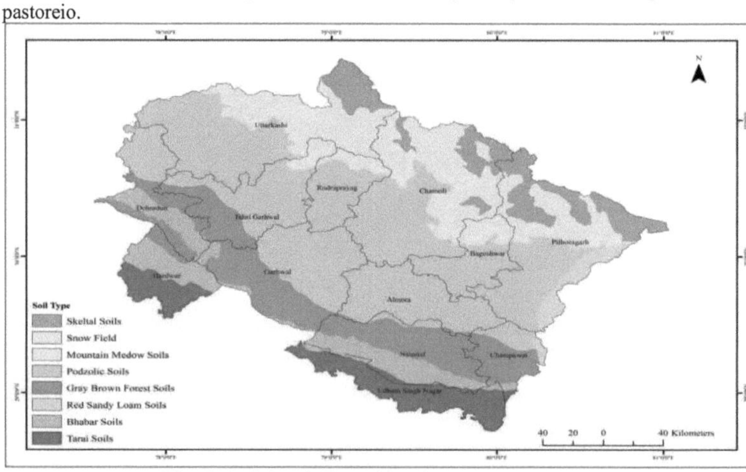

Fig. 4.10: *Solos de Uttarakhand*

Os solos de Uttarakhand têm aluviões muito finos, tal como acima descrito, pelo que são altamente susceptíveis à erosão em lençol e à erosão em ravina. Os deslizamentos de terras são frequentes devido às chuvas intensas. Nas colinas mais baixas, a erosão excessiva conduziu a um aumento da pressão dos rios e arruinou a agricultura das zonas montanhosas.

Vegetação natural

Uttarakhand é uma das zonas florestais mais densas da Índia e é extremamente rica em termos de recursos naturais e de biodiversidade. As encostas das montanhas estão cobertas por imensos prados, denominados "bugyals" (pastagens alpinas). Estes bugyals - que se encontram entre a linha das árvores e a linha da neve - são bem conhecidos pela sua vegetação rica e diversificada. O Vale das Flores, no distrito de Chamoli, tem 225 espécies de plantas ornamentais. No estado, cresce também uma variedade espantosa de plantas e ervas medicinais. A zona de Ranikhet está repleta de cerca de 4000 espécies de plantas medicinais.

De acordo com o clima e a altitude, a vegetação natural de Uttarakhand foi classificada em quatro tipos: Zona de floresta subtropical - entre 300-1200 metros, zona de floresta temperada - entre 1200-1800 metros, zona de floresta sub-alpina - entre 1800-3000 metros e zona de floresta alpina - acima de 3000 metros.

A zona de floresta subtropical é caracterizada por uma maior precipitação (170 cm. ou mais por ano) com temperaturas bastante quentes. As condições climáticas desta zona tornam o solo rico em húmus para o crescimento da vegetação. Esta zona, que se estende de noroeste a sudeste, cobre quase todo o trato sub-himalaio da região. Ocorre até uma altura de 750 metros na encosta norte e até uma altura de 1200 metros na encosta sul. O sal é a espécie mais importante desta zona. Para além do sal, as outras espécies encontradas nesta zona são o Haldu, o Dhuari, o Sain, o Tun, o Bhyunal, etc. Na região de baixa e alta pluviosidade, aparecem árvores de folha caduca seca e de folha caduca húmida.
As florestas temperadas encontram-se entre a zona subtropical e a zona sub-alpina, entre 1200 metros e 1800 metros. A floresta temperada aparece até aos 1900 metros nas encostas a sul e até aos 1800 metros nas encostas a norte. A árvore dominante desta zona é o *Chir*, que forma uma floresta aberta de 20-30 metros de altura. Existem alguns arbustos e ervas rasteiras que aparecem durante a monção. O Chir produz madeira útil para mobiliário, caixas, construção e travessas de caminho de ferro. É extraída resina destas florestas, da qual se obtém óleo de terebintina. Os vales dos rios Gori e Tons estão repletos de árvores de Chir. Encontram-se também nos vales dos rios Yamuna, Bhagirathi e Alaknanda.
As florestas sub-alpinas começam a partir dos 1800 metros e continuam até aos 3000 metros. A floresta desta zona cobre uma área considerável da região. Pode ser dividida em zona sub-alpina inferior, dominada por carvalhos, e zona sub-alpina superior, com abetos, pinheiros azuis, abetos, bétulas, ciprestes e deodares. Nesta zona, o cipreste é a árvore mais dominante, encontrando-se a uma altura de 2000 a 3000 metros. A sua madeira fina e durável é muito utilizada na construção e também como madeira e travessas de caminho de ferro. O pinheiro azul, o abeto branco e o abeto podem ser vistos entre os 1900 e os 3000 metros de altitude. A bétula encontra-se entre os 2950 e os 3600 metros no vale de Bhagirathi. A sua casca é utilizada como substituto do papel. Encontram-se também alguns matos e ervas alpinas; a nogueira e o castanheiro crescem também nos vales do Bhagirathi, do Alaknanda e do Pindar. O bambu fino chamado Ningola encontra-se na área, especialmente em redor de Almora.
O vidoeiro da zona sub-alpina superior continua a crescer também na zona alpina. As florestas alpinas constituem a unidade mais alta da linha de árvores, ou seja, 4200 metros, e por vezes podem ser vistas em pequenas manchas mesmo em altitudes mais elevadas. Acima desta linha, existem prados temperados até à linha de neve (4500 metros). Os aspectos ambientais dão geralmente lugar a arbustos na parte norte e a gramíneas na parte sul. Nos prados alpinos, existe uma grande variedade de flores e plantas medicinais.
A Fig. 4.11 mostra o coberto florestal no Estado, enquanto o Quadro 4.2 apresenta a situação pormenorizada do coberto florestal a nível distrital.

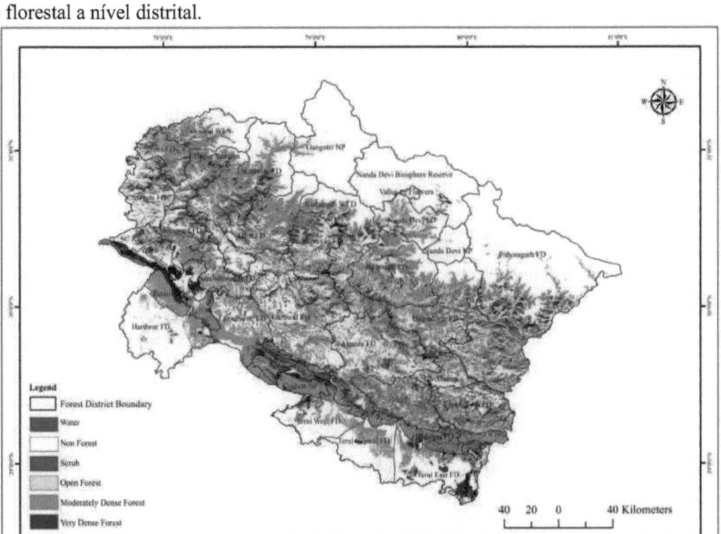

Fig.4.11: *Mapa da cobertura florestal de Uttarakhand*

É evidente que Nainital e Pauri Garhwal têm o maior coberto florestal, enquanto os distritos de Chamoli e Pithoragarh têm comparativamente menos coberto florestal porque partes consideráveis destes distritos permanecem cobertas de neve durante todo o ano. As florestas constituem a base dos recursos naturais

As florestas constituem a base dos recursos naturais de Uttarakhand, mas, infelizmente, estão a ser desviadas para outras utilizações a um ritmo acelerado devido às actividades de desenvolvimento (Quadro 4.3). Este desvio de terras florestais está a constituir uma séria ameaça à sustentabilidade regional.

Tabela 4.2: *Área florestal registada por distrito e cobertura florestal real*

Distrito/Estado	*Área Florestal Total Registada em Sq. Km.*	*Área florestal total registada em percentagem da área geográfica total*	*Cobertura florestal efectiva em km2 Km. De acordo com o levantamento por satélite*	*Coberto florestal real em percentagem da área geográfica total de acordo com o levantamento por satélite*
Almora	2361.84	75.36	1725.6	55.06
Bageshwar	1101.6	48.96	1397.75	62.12
Chamoli	5061	63.03	2716.81	33.83
Champawat	1323.36	74.94	1350.38	76.47
Dehra Dun	2018.3	65.36	1846.83	59.81
Haridwar	724.31	30.69	525.96	22.29
Nainital	2982.36	70.74	3091.05	73.32
Pauri Garhwal	3850.94	72.29	3801.03	71.35
Pithoragarh	5401.5	76.17	2275.65	32.09
Rudra Prayag	1803.65	90.91	870	43.85
Tehri Garhwal	3215.64	88.29	2378.62	65.31
Udham Singh Nagar	938.37	36.39	581.99	22.57
Uttarkashi	7216.64	90.03	3202.04	39.95
Uttarakhand	*37999.53*	*71.05*	*25763.7*	*48.17*

Fonte: Estatísticas florestais de Uttarakhand 2014-15, Departamento Florestal, Uttarakhand

Tabela 4.3: *Detalhe distrital/setorial da remoção do coberto florestal de 2000 a 2012*

Distrito	*Área desviada em Hectare devido a*	

	Estrada Construção	*Projeto de água potável*	*Projeto de irrigação*	*Projeto de transporte de eletricidade*	*Projeto de energia hidroelétrica*	*Exploração mineira*	*Outros*	*Total desviado Área*
Almora	721.27	13.90	4.94	24.00	0.05	0.00	52.13	816.29
Bageshwar	378.63	8.80	2.89	5.55	16.10	111.88	35.20	559.05
Champawat	278.91	5.93	2.08	3.59	0.00	384.69	63.37	738.57
Chamoli	940.93	9.74	1.10	785.63	242.03	1.08	117.24	2097.74
Dehradun	399.21	9.57	1.42	25.15	0.00	1603.11	17457.63	19496.09
Haridwar	60.09	0.00	16.21	8.50	0.00	2900.00	2212.91	5197.71
Nainital	434.07	70.91	10.18	19.20	0.00	2442.00	189.35	3165.71
Garhwal	297.88	19.97	1.19	167.24	2.91	145.53	42.68	677.39
Pithoragarh	1107.66	9.66	1.66	493.65	12.46	4.22	38.35	1667.66
Rudraprayag	257.85	6.85	9.19	15.54	62.94	0.00	37.19	389.56
Tehri	483.04	18.51	1.24	157.34	707.61	6.47	217.53	1591.74
Uttarkashi	437.97	9.11	7.91	109.84	229.22	0.00	36.91	830.95
Udham Singh Nagar	14.30	0.00	3.60	4.93	0.00	0.00	133.40	156.23
Uttarakhand	*5811.79*	*182.95*	*63.62*	*1820.17*	*1273.30*	*7598.98*	*20633.88*	*37384.69*

Fonte: Estatísticas florestais de Uttarakhand 2014-15, Departamento Florestal, Uttarakhand

Transporte

Sendo um terreno acidentado, as estradas são o principal meio de comunicação de superfície com uma pequena rede ferroviária (Fig. 4.12).

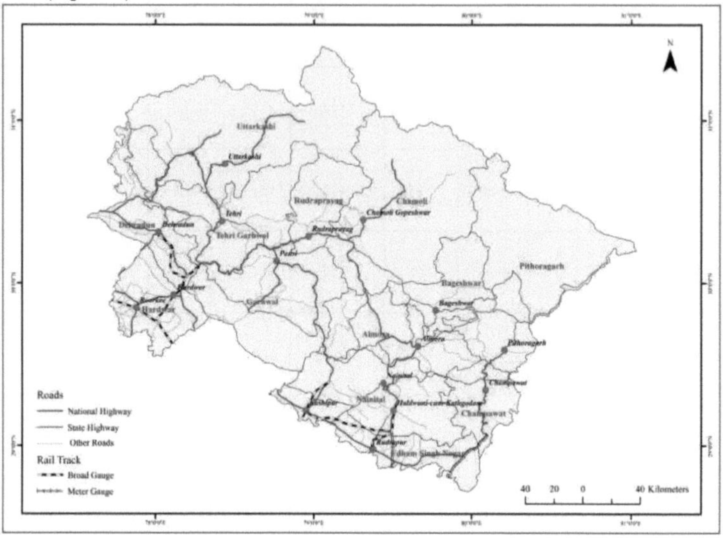

Fig. 4.12: *Principais redes rodoviárias e ferroviárias*

A extensão total de estradas na região era de cerca de 38 680,92 km em 2013-14. A rede rodoviária é composta por 1375,76 km de auto-estradas nacionais, 3782,24 km de auto-estradas estatais, 3289,74 km de estradas distritais principais, 2985,27 km de outras estradas distritais e 16177,16 km de estradas de aldeia (Ministério dos Transportes Rodoviários e Auto-estradas, NHAI, 2015). Quase todas as cidades do estado estão ligadas por estradas asfaltadas, mas a conetividade das aldeias ainda é fraca (Tabela 4.4).

Em 2013-14, o Uttarakhand tinha 345 km de vias férreas. As principais estações ferroviárias do Estado são Dehradun, Haridwar, Roorkee, Kotdwar, Kashipur, Udham Singh Nagar, Haldwani, Ramnagar e Kathgodam. O Estado tem dois aeroportos domésticos: um em Jolly Grant, no distrito de Dehradun, e outro em Pant Nagar, no distrito de Udham Singh Nagar.

Tabela 4.4: *Conectividade rodoviária da aldeia em função do distrito*

Distrito/Estado	*N.º de blocos de desenvolvimento*	*Número total de aldeias*	*Aldeias ligadas por estrada*	
			Número	*Percentagem*
Almora	11	2289	1104	48.24
Bageshwar	3	947	430	45.37
Chamoli	9	1246	605	48.53
Champawat	4	717	284	39.63
Dehradun	6	748	576	77.06

Hardwar	6	612	580	94.71
Nainital	8	1141	875	76.71
Garhwal	15	3473	2288	65.89
Pithoragarh	8	1675	731	43.64
Rudraprayag	2	688	472	68.54
Tehri Garhwal	10	1862	1153	61.91
Udham Singh Nagar	7	688	659	95.74
Uttarkashi	6	707	363	51.32
Uttarakhand	*95*	*16793*	*10103*	*60.16*

Fonte: Departamento de Obras Públicas do Estado de Uttarakhand, Dehradun

Utilização do solo

O Uttarakhand é um Estado essencialmente agrícola e, tal como a maioria das outras economias de montanha, a população do Uttarakhand pratica sistemas integrados de agricultura, silvicultura, horticultura, pecuária e actividades não agrícolas. O padrão de utilização das terras do Estado é apresentado na Fig. 4.13.

Fig. 4.13: *Mapa de utilização dos solos de Uttarakhand*

Fonte: IRS LISS III, 2012

A área semeada líquida da região representa um pouco mais de 13% da área total declarada, embora haja grandes variações nesta percentagem de distrito para distrito. Cerca de 24% da superfície total de Uttarakhand é constituída por terrenos rochosos, cobertos de neve, glaciares ou terras improdutivas ou degradadas. Cerca de 12% das terras agrícolas são irrigadas e cerca de 90% das terras agrícolas são utilizadas para o cultivo de cereais, forragens (berseem) e alguns produtos hortícolas. Cerca de 53% da área do estado cai na categoria de erosão severa e muito severa do solo (Uttarakhand at a Glance, 2015). A Tabela 4.5 e a Fig. 4.14 mostram o padrão de uso da terra a nível distrital.

Quadro 4.5: *Distribuição por categoria da utilização/ocupação do solo*

Distrito/Estado	*Área sob várias categorias de uso do solo em Sq. Km.*							*Área Geográfica em Sq. Km.*
	Agricultura	*Estéril/não cultivável/ Terrenos baldios*	*Construído*	*Floresta*	*Relva/ Pastoreio*	*Neve e glaciar*	*Zonas húmidas/ massas de água*	
Almora	1303.22 (41.58)	63.46 (2.02)	13.67 (0.44)	1725.6 (55.06)			28.04 (0.89)	3133.99
Bageshwar	354.05 (15.74)	162.25 (7.21)	6.45 (0.29)	1397.75 (62.12)	157.9 (7.02)	149.79 (6.66)	21.8 (0.97)	2249.99
Chamoli	650.95 (8.11)	2033.05 (25.32)	9.36 (0.12)	2716.81 (33.83)	1356.67 (16.9)	1215.23 (15.13)	47.92 (0.6)	8029.99
Champawat	354.26 (20.06)	5.09 (0.29)	3.8 (0.22)	1350.38 (76.47)	4.24 (0.24)		48.22 (2.73)	1765.99
Dehradun	837.54 (27.12)	96.84 (3.14)	147.26 (4.77)	1846.83 (59.81)	22.23 (0.72)		137.28 (4.45)	3087.98
Hardwar	1485.31 (62.94)	46.68 (1.98)	129.28 (5.48)	525.96 (22.29)			172.77 (7.32)	2360
Nainital	825.15 (19.57)	32.92 (0.78)	66.57 (1.58)	3091.05 (73.32)			200.31 (4.75)	4216
Garhwal	1066.42 (20.02)	215.98 (4.05)	45.68 (0.86)	3801.03 (71.35)	2.45 (0.05)		195.44 (3.67)	5327

Pithoragarh	465.44 (6.56)	1847.2 (26.05)	18.09 (0.26)	2275.65 (32.09)	1366.6 (19.27)	1021.87 (14.41)	96.15 (1.36)	7091
Rudraprayag	274.81 (13.85)	120.49 (6.07)	2.73 (0.14)	870 (43.85)	519.2 (26.17)	184.7 (9.31)	12.09 (0.61)	1984.02
Tehri Garhwal	862.22 (23.67)	96.87 (2.66)	16.33 (0.45)	2378.62 (65.31)	111.13 (3.05)	123.03 (3.38)	53.83 (1.48)	3642.03
Udham Singh Nagar	1688.07 (65.45)	12.6 (0.49)	135.65 (5.26)	581.99 (22.57)	0.1 (0.00)		160.59 (6.23)	2579
Uttarkashi	617.61 (7.7)	2010.94 (25.09)	9.46 (0.12)	3202.04 (39.95)	871.63 (10.87)	1190.01 (14.85)	114.32 (1.43)	8016.01
Uttarakhand	*10785.05 (20.17)*	*6744.36 (12.61)*	*604.32 (1.13)*	*25763.7 (48.17)*	*4412.15 (8.25)*	*3884.64 (7.26)*	*1288.77 (2.41)*	*53482.99*

(Os números entre parênteses indicam a percentagem)
Fonte: NRSA

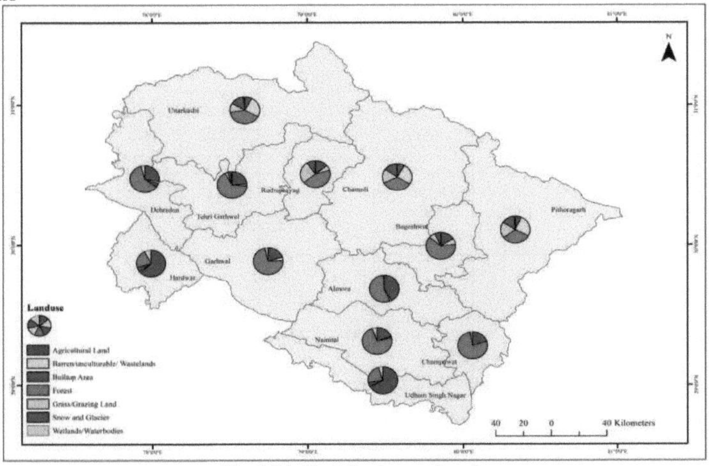

Fig.4.14: *Padrão de uso do solo*

A maior parte da área do Estado é ocupada por florestas e terrenos baldios, deixando apenas uma pequena quantidade de terra, ou seja, cerca de 20% para cultivo, numa área geográfica total de 53482,99 km2 . A agricultura é maioritariamente de subsistência. As explorações agrícolas são, na sua maioria, pequenas e dispersas em pequenos campos em socalcos (quadros 4.6 e 4.7).

O baixo rendimento agrícola do Estado reflecte a pequena dimensão e a dispersão das explorações, o terreno difícil, as condições climáticas desfavoráveis para algumas culturas, a falta ou inadequada disponibilidade de factores de produção e tecnologias melhoradas e a falta de crédito e de facilidades de comercialização. A situação das explorações agrícolas operacionais em Uttarakhand põe em evidência a pequena fragmentação das explorações fundiárias no Estado. De acordo com o recenseamento agrícola de 2011, quase 71% das explorações agrícolas do Estado são marginais e 18% são pequenas. O Uttarakhand é maioritariamente alimentado pela chuva e as instalações de irrigação são mínimas, sendo a área líquida irrigada no Estado inferior a 50% da área total cultivada. A região também sofre com a forte erosão dos solos e a fertilidade fraca a moderada dos solos nas encostas das montanhas limita a produção agrícola.

Tabela 4.6: *Área sob diferentes propriedades de terra*

Distrito	*Percentagem de área sob diferentes tipos de exploração de terras (dimensão em Hectare)*					*Percentagem da área total sob várias propriedades de terra*
	Marginal (<1)	*Pequeno (1-2)*	*Semi-médio (2-4)*	*Médio (4-10)*	*Grande (>10)*	
Almora	45.51	34.22	16.87	2.96	0.45	41.58
Bageshwar	65.79	24.62	7.9	1.52	0.16	15.74
Chamoli	25.7	31.26	29.78	12.13	1.13	8.11
Rudraprayag	45.91	32.1	17.09	4.51	0.39	13.85
Champawat	39.15	32.01	20.01	7.13	1.7	20.06
Dehradun	30.69	21.45	25.61	16.93	5.32	27.12
Haridwar	26.18	23.72	27.5	20.17	2.43	62.94
Naintal	18.09	20.26	29.1	23.01	9.54	19.57
Pauri Garhwal	17.68	30.23	34.03	16.53	1.53	20.02
Pithoragarh	59.17	27.94	10.44	1.85	0.59	6.56
Tehri Garhwal	33.73	35.78	23.61	6.5	0.39	23.67
Udham Singh Nagar	13.17	16.44	26.45	30.33	13.62	65.45

Uttarkashi	21.4	26.33	35.18	16.12	0.97	7.70
Uttarakhand	*28.75*	*26.17*	*25.18*	*15.67*	*4.22*	*20.17*

Fonte: Recenseamento Agrícola, 2011

Tabela 4.7: *Número de diferentes propriedades de terra (tamanho em Hectare) em percentagem*

Distritos	Marginal (<1)	Pequeno (1 2)	Semimédio (2-4)	Médio (4-10)	Grande (>10)	Número total de explorações
Almora	77.07	17.82	4.69	0.41	0.01	122322
Bageshwar	90.05	8.45	1.38	0.12	0.01	55303
Chamoli	68.24	19.66	9.95	2.09	0.05	38683
Rudraprayag	80.30	14.90	4.25	0.53	0.02	31713
Champawat	75.03	17.98	5.88	1.04	0.08	35838
Dehradun	76.41	12.82	7.92	2.64	0.21	65984
Haridwar	67.64	18.03	10.34	3.84	0.15	116344
Naintal	65.57	16.75	12.41	4.75	0.52	49923
Pauri Garhwal	50.65	28.20	16.90	4.10	0.15	86559
Pithoragarh	86.51	11.11	2.18	0.19	0.02	86995
Tehri Garhwal	69.13	22.11	7.65	1.08	0.02	81079
Udham Singh Nagar	52.54	20.41	16.77	9.58	0.70	83570
Uttarkashi	67.51	17.31	12.15	2.95	0.07	36354

Uttarakhand	70.54	17.78	8.80	2.71	0.16	890667

Fonte: Recenseamento Agrícola, 2011

Indústria

Uttarakhand carece de recursos minerais e energéticos suficientes para uma rápida industrialização. Para além da sílica e do calcário, que são os únicos minerais encontrados e extraídos em quantidades consideráveis, existem pequenas reservas de gesso, magnesite, fosforite e bauxite.

As actividades industriais continuaram a expandir-se em Uttarakhand. Este sector é o que mais contribui para o produto interno bruto do Estado (>25%). Um grande número de indústrias tem por base a agricultura, como as fábricas de açúcar, os produtos de papel, o vestuário de lã e os artigos de couro. Entre os outros produtos industriais notáveis de Uttarakhand contam-se o cimento, os produtos farmacêuticos, os automóveis e outros equipamentos de transporte e os produtos eléctricos. A produção industrial do Estado está quase inteiramente limitada aos distritos do sul (Fig. 4.15).

Os rios perenes alimentados pelos campos de neve perpétuos dos Grandes Himalaias e das cordilheiras de Zaskar têm um enorme potencial para a produção de energia hidroelétrica. [th]A barragem de Tehri no rio Bhagirathi, concebida em meados do século XX e iniciada na década de 1970, é um dos maiores projectos hidroeléctricos da Ásia.

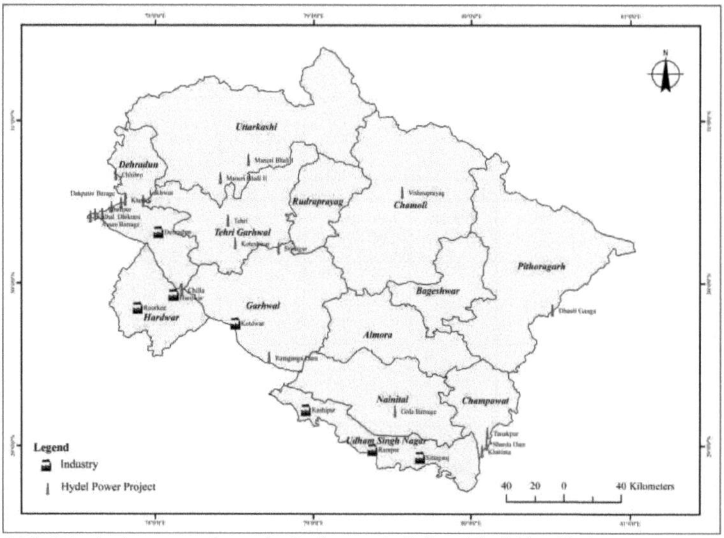

Fig. 4.15: *Principais centros de produção de energia industrial e hidroelétrica*

Turismo

O Estado é essencialmente impulsionado pelo sector terciário. O turismo é uma das principais componentes, com um contributo importante para a economia, principalmente devido à beleza natural do Estado e ao potencial para oferecer formas variadas de actividades, desde o turismo religioso ao turismo de aventura. Há uma série de estações de montanha no Estado, incluindo Nainital, Mussoorie, Almora, Kausani e Ranikhet, que são atualmente centros estabelecidos para o turismo de lazer. Gangotri e Yamunotri, as nascentes do Ganges e do Yamuna, situam-se na parte superior do estado e, juntamente com Badrinath (dedicado a Vishnu) e Kedarnath (dedicado a Shiva), formam o Char Dham, um dos circuitos de peregrinação mais espirituais e auspiciosos do hinduísmo (Fig. 4.16).

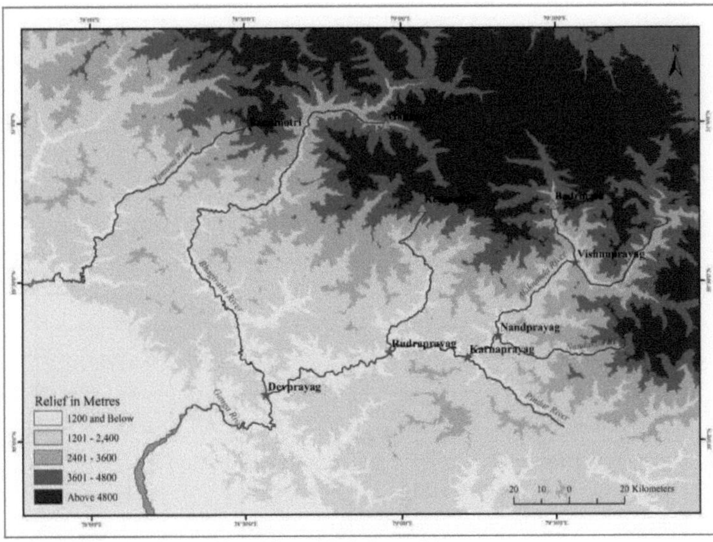

Panchprayag (símbolo vermelho) e Char Dham (símbolo verde)

Fig. 4.16: *Principais atracções turísticas de Uttarakhand*

Hardwar, que é conhecida como a "Porta de Deus", é um destino hindu de eleição. Uttarakhand é, no entanto, um local de peregrinação não só para os hindus. Hemkund, aninhado nos Himalaias, é um centro de peregrinação privilegiado para os Sikhs. O budismo tibetano também se fez sentir com a reconstrução do Mosteiro de Mindrolling e a sua Stupa de Buda, considerada a mais alta do mundo. O estado é também famoso pelo turismo de aventura. O Estado alberga também vários parques nacionais e santuários de vida selvagem (Quadro 4.8, Fig. 4.17). O Estado tem registado um crescimento contínuo do número de turistas que visitam todos os anos a sua beleza e os seus santuários sagrados. No entanto, registou-se um declínio significativo na chegada de turistas ao Estado durante a catástrofe das cheias de Kedarnath, em junho de 2013, mas, pouco depois da recuperação, a tendência crescente do afluxo de turistas ao Estado foi retomada (Fig. 4.18).

Quadro 4.8: *Parques nacionais e santuários de vida selvagem em Uttarakhand*

Parque Nacional			
Nome	*Ano de estabelecimento*	*Área (km2)*	*Localização (Distrito)*
Parque Nacional de Corbett	1936	520.82	Garhwal, Nainital
Parque Nacional de Nandadevi	1982	624.6	Chamoli
Parque N. Valley ofFlowers	1982	87.5	Chamoli
Parque Nacional de Rajaji	1983	820.42	Hardwar, Dehradun, Garhwal
Parque nacional de Gangotri	1989	2390.02	Uttarkashi
Parque nacional de Govind	1990	472.08	Uttarkashi

Área total ocupada pelos parques nacionais		*4915.44*	
Santuário de Vida Selvagem			
Mussoorie W.L.S.	1993	10.82	Dehradun
Kedarnath W.L.S.	1972	975.2	Chamoli
Govind W.L.S.	1955	485.89	Uttarkashi
Askot W.L.S.	1986	599.93	Pithoragarh
SonaNadiW.L.S.	1987	301.18	Garhwal
Binsar W.L.S.	1988	47.07	Almora
Nandhaur W.L.S.	2012	269.95	Nainital, Champawat
Área total ocupada por santuários de vida selvagem		*2690.04*	
Total geral		*7605.48*	

Fonte: Uttarakhand At A Glance, 2015

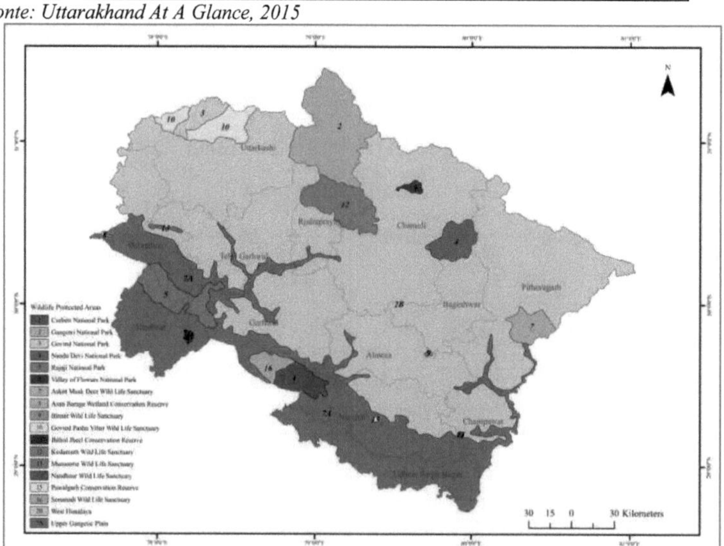

Fig. 4.17: *Zonas de proteção da vida selvagem de Uttarakhand*

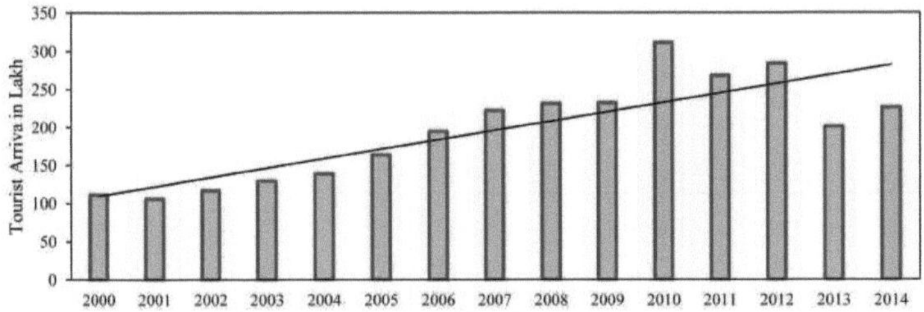

Fonte de dados: Departamento de Turismo de Uttarakhand

Fig. 4.18: *Tendência do fluxo de turistas em Uttarakhand*

População e povoamento Uttarakhand é um Estado geográfica e socioculturalmente diversificado devido à sua localização, uma vez que apenas quatro distritos (Dehradun, Haridwar, Nainital e Udham Singh Nagar) representam 55% da população do Estado (Fig. 4.19).

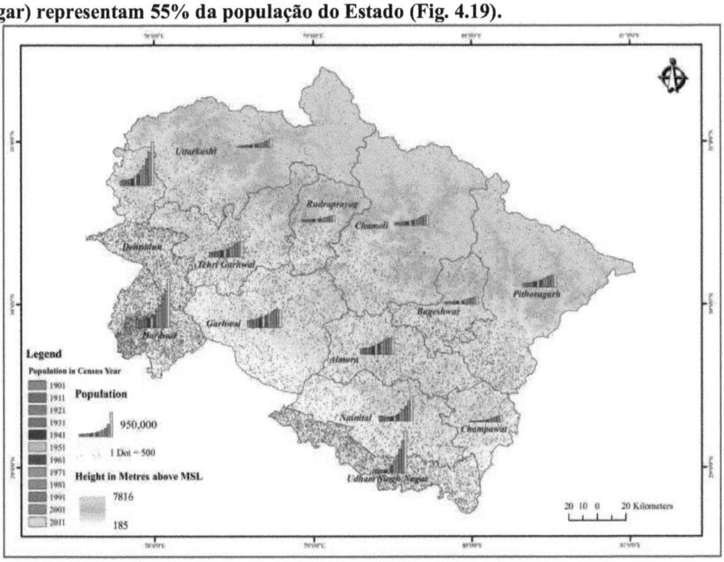

Fig. 4.19: *Distribuição da população e crescimento decadal*

O Estado tem assistido a um crescimento contínuo da população nas últimas décadas, enquanto as zonas planas dos distritos de Hardwar, Dehradun e Udham Singh Nagar registaram um aumento muito significativo da população.

A densidade populacional do Estado aumentou de 159 pessoas por quilómetro quadrado em 2001 para 189 em 2011 (Censos, 2011). Com 100 86 292 habitantes, o Estado ocupa a posição 20th no país em termos de dimensão da população, acomodando 0,83% da população total da Índia. O Estado registou um crescimento de 19,17% da população durante a última década (2001-11). Esta população é constituída por 50,93% de homens e 49,07% de mulheres, sendo o rácio mulher-homem de 963. O Estado tem uma taxa de alfabetização de 78,82%, sendo a alfabetização masculina de 87,4% e a feminina de 70,01% (Quadro 4.9).

Quadro 4.9: *Perfil demográfico de Uttarakhand*

Distrito	*População total Pessoa*	*% da população total do Estado*	*% Taxa de crescimento decadal*	*Densidade populacional*	*Sexo Rácio*	*Taxa de alfabetização total*	*Taxa de alfabetização masculina*	*Taxa de alfabetização feminina*	*Percentagem Urbanização*	*Número de Centros Urbanos em 2011*

Almora	622506	6.17	-1.28	198	1139	80.47	92.86	69.93	10.01	5
Bageshwar	259898	2.58	4.18	116	1090	80.01	92.33	69.03	3.49	1
Chamoli	391605	3.88	5.74	49	1019	82.65	93.40	72.32	15.17	6
Champawat	259648	2.57	15.63	147	980	79.83	91.61	68.05	14.77	4
Dehradun	1696694	16.82	32.33	549	902	84.25	89.40	78.54	55.52	22
Haridwar	1890422	18.74	30.63	801	880	73.43	81.04	64.79	36.66	24
Naintal	954605	9.46	25.13	225	934	83.88	90.07	77.29	38.94	11
Pauri Garhwal	687271	6.81	-1.41	129	1103	82.02	92.71	72.60	16.40	9
Pithoragarh	483439	4.79	4.58	68	1020	82.25	92.75	72.29	14.40	3

Rudrapraya g	242285	2.40	6.53	122	1114	81.30	93.90	70.35	4.10	2
Tehri Garhwal	618931	6.14	2.35	170	1077	76.36	89.76	64.28	11.33	7
Udham Singh Nagar	1648902	16.35	33.45	649	920	73.10	81.09	64.45	35.58	19
Uttarkashi	330086	3.27	11.89	41	958	75.81	88.79	62.35	7.36	3
Uttarakhan d	*10086292*	*100*	*18.81*	*189*	*963*	*78.82*	*87.40*	*70.00*	*30.23*	*116*

Fonte: Censos, 2011

De acordo com o censo de 2011, a taxa de natalidade no estado é de 18,82, a taxa de mortalidade é de 6,1 e a taxa de mortalidade infantil é de 32. A situação destes indicadores a nível distrital é apresentada na Tabela 4.10.

Quadro 4.10: *Situação dos indicadores de saúde*

Distrito/Estado	*Taxa bruta de natalidade (CBR)*	*Taxa de crescimento natural*	*Taxa de fecundidade total*	*Taxa bruta de mortalidade (TMB)*
Almora	16	10.2	1.9	5.9
Bageshwar	14.5	7.5	1.7	7
Chamoli	17.4	12.3	1.9	5.2
Champawat	17	11.6	2	5.5

Dehradun	17.1	10.5	1.9	6.6
Haridwar	22.1	14.6	2.9	7.5
Nainital	16.8	11.4	2.1	5.4
Pauri Garhwal	19.2	11.2	2.1	8
Pithoragarh	15	9	1.7	6
Rudraprayag	16.6	10.7	1.8	5.9
Tehri Garhwal	21.6	12.8	2.4	8.8
Udham Singh Nagar	18.5	13	2.2	5.4
Uttarkashi	15.7	11.1	1.8	4.6
Uttarakhand	*18.2*	*11.8*	*2.1*	*6.4*

Fonte: Inquérito Anual de Saúde 2011-12: Ficha informativa, Uttarakhand

O Uttarakhand tem uma economia agrária, e um melhor rácio de participação no trabalho nos distritos de montanha em comparação com os distritos de planície mostra que, para além dos trabalhos domésticos de rotina, as mulheres das zonas de montanha também se dedicam à agricultura (Quadro 4.11).

Quadro 4.11: *Participação no mercado de trabalho*

Distrito	*População total Pessoa*	*% Total de trabalhadores*	*% Trabalhadores do sexo masculino*	*% Mulheres Trabalhadoras*	*% Trabalhadores principais*	*% Homens Trabalhadores principais*	*% Mulheres Trabalhadores principais*
Almora	622506	38.35	46.08	30.45	32.3	35.12	29.83
Bageshwar	259898	47.9	48.94	46.99	30.04	31.24	28.95

Chamoli	391605	46.65	45.68	47.53	29.4	33.8	25.07
Champawat	259648	39.41	52.05	25.87	24.15	32.99	15.13
Dehradun	1696694	39.89	45.09	35.17	28.77	44.8	11
Haridwar	1890422	38.39	49.67	26.68	26.19	43.81	6.18
Naintal	954605	35.87	51.77	18.59	31.05	44.03	17.15
Pauri Garhwal	687271	44.78	47.45	42.17	23.93	31.22	17.31
Pithoragarh	483439	47.57	47.22	47.89	30.09	33.59	26.66
Rudraprayag	242285	45.31	47.26	43.5	32.59	32.88	32.32
Tehri Garhwal	618931	34.35	51.43	15.41	26.81	33.1	20.97
Udham Singh Nagar	1648902	30.58	49.52	9.07	27.34	43.44	9.83
Uttarkashi	330086	46.2	48.37	44.08	38.89	42.47	35.15
Uttarakhand	*10086292*	*47.65*	*49.98*	*45.21*	*28.46*	*40.3*	*16.16*

Fonte: Censos, 2011

Uttarakhand é um Estado essencialmente rural, com 69,77% da sua população a viver em 16 793 aldeias. A população urbana está maioritariamente estabelecida na região sul do Tarai e no vale de Doon. Mais de 90% da população dos distritos montanhosos vive em zonas rurais. As aldeias de montanha têm geralmente uma proporção elevada de mulheres em relação aos homens, em comparação com as zonas planas, devido aos elevados níveis de emigração dos homens em busca de emprego e de rendimentos em dinheiro. A escassa população de Uttarakhand está distribuída de forma desigual por todo o Estado. Os aglomerados rurais, que assumem geralmente a forma de pequenas aldeias lineares, situam-se ao longo de caminhos ou estradas. A distribuição distrital das aldeias de diferentes dimensões é apresentada no Quadro 4.12.

Tabela 4.12: *Distribuição distrital de aldeias de diferentes dimensões*

Distrito/Estado	*Número totalof Aldeias*	*Número de aldeias Em percentagem*					
		Não habitada	*Inferior a 500*	*500999*	*1000-1999*	*2000-4999*	*5000 e superior*
Almora	2289	4.59	83.05	10.27	1.88	0.22	0.00
Bageshwar	947	7.71	78.88	10.45	2.11	0.74	0.11
Chamoli	1246	6.10	79.45	11.08	3.21	0.16	0.00
Champawat	717	7.67	73.08	14.78	3.07	1.39	0.00
Dehradun	748	2.27	61.36	14.30	10.03	8.56	3.48
Garhwal	3473	9.53	85.98	3.14	0.81	0.49	0.06
Hardwar	612	15.36	17.16	13.07	19.28	26.31	8.82
Nainital	1141	3.86	67.66	16.91	8.41	2.98	0.18
Pithoragarh	1675	6.15	82.51	7.82	2.69	0.66	0.18
Rudraprayag	688	5.09	73.26	15.26	6.10	0.29	0.00
Tehri Garhwal	1862	4.73	78.63	13.27	3.01	0.38	0.00
Udham Singh Nagar	688	2.03	25.87	19.48	27.76	20.78	4.07
Uttarkashi	707	1.84	70.01	20.08	6.79	1.13	0.14
Uttarakhand	16793	6.24	74.48	10.87	4.91	2.80	0.70

Fonte: Censo 2011

Como é óbvio, os distritos de montanha têm mais aldeias de pequena dimensão do que os distritos de planície. A maior parte da população do estado vive em pequenas aldeias com menos de 500 habitantes (Tabela 4.13).

Tabela 4.13: *População a viver em aldeias de várias dimensões (em percentagem)*

Distrito	*População rural total*	*Inferior a 500*	*500-999*	*1000-1999*	*2000-4999*	*5000 e superior*
Uttarkashi	305781	40.42	30.66	19.83	6.98	2.10
Chamoli	332209	54.79	27.59	15.95	1.68	0.00
Rudraprayag	232360	43.63	31.02	22.70	2.65	0.00
Tehri Garhwal	548792	53.90	30.43	12.62	3.05	0.00
Dehradun	754753	13.96	9.75	14.22	26.36	35.71
Garhwal	574568	69.19	12.56	6.77	9.11	2.38
Pithoragarh	413834	52.68	21.24	14.53	7.73	3.83
Bageshwar	250819	52.53	27.72	10.68	6.88	2.20
Almora	560192	60.01	28.08	9.60	2.32	0.00
Champawat	221305	41.45	32.01	12.85	13.69	0.00
Nainital	582871	28.13	23.22	22.38	15.18	11.08
Udham Singh Nagar	1062142	4.17	9.25	25.71	41.40	19.47
Hardwar	1197328	1.71	5.03	14.54	41.71	37.02
Uttarakhand	*7036954*	*31.44*	*17.76*	*16.04*	*20.20*	*14.57*

Fonte: Censo 2011

Para além do aumento da população rural, Uttarakhand registou também um crescimento contínuo da população urbana. O Estado registou o maior crescimento da população total e urbana durante 1971-1981

(Quadro 4.14).

Tabela 4.14: *Crescimento da população total e urbana*

Ano	*Total População*	*Taxa de crescimento decadal da população total em percentagem*	*Urbano População*	*Percentagem Urbanização*	*Decadal Urbano Taxa de crescimento em percentagem*
1901	1979866		154424	7.80	
1911	2142258	8.20	179332	8.37	16.13
1921	2115984	-1.23	191660	9.06	6.87
1931	2301019	8.74	195797	8.51	2.16
1941	2614540	13.63	270503	10.35	38.15
1951	2945929	12.67	400631	13.60	48.11
1961	3610938	22.57	495995	13.74	23.80
1971	4492724	24.42	734856	16.36	48.16
1981	5725972	27.45	1149136	20.07	56.38
1991	7113483	24.23	1634084	22.97	42.20
2001	8489349	19.34	2179074	25.67	33.35
2011	10086292	18.81	3049338	30.23	39.94

Fonte: Compilado a partir de vários censos

Esta urbanização crescente promoveu o aumento do tamanho e do número de cidades no estado (Tabela 4.15).

Tabela 4.15: *Crescimento das cidades de acordo com a classe de tamanho*

Class e	*I*	*II*	*III*	*IV*	*V*	*VI*	*Total*
1901			2	3	4	11	20
1911			2	4	6	8	20
1921		1	1	3	7	11	23
1931			2	4	5	14	25
1941		1	2	7	5	10	25
1951	1	1	3	4	8	17	34
1961	1	1	4	7	8	11	32
1971	1	2	5	12	11	9	40
1981	1	3	10	13	12	26	65
1991	3	3	15	16	14	25	76
2001	3	5	16	16	29	18	87
2011	6	6	19	33	37	15	116

Fonte: Compilado a partir de vários censos

Com o aumento da urbanização, a percentagem de população das cidades maiores aumentou em comparação com as cidades mais pequenas (Quadro 4.16). Cerca de 46% das pessoas viviam em cidades da classe I, cuja população é superior a 1.00.000.

Tabela 4.16: *Percentagem da população urbana por várias classes de dimensão Cidades*

Ano	*I*	*II*	*III*	*IV*	*V*	*VI*	*Urbano População*	*Percentagem Urbanização*
1901			36.64	25.85	19.08	18.43	154424	7.8
1911			39.31	27.69	23.23	9.76	179332	8.37
1921		26.04	15.75	19.73	26.04	12.43	191660	9.06
1931			39.07	23.78	20.36	16.8	195797	8.51
1941		22.02	22.88	36.29	12.17	6.65	270503	10.35
1951	29.23	14.4	19.11	13.76	16	7.5	400631	13.6

1961	26.22	12.11	24.75	18.68	13.6	4.64	495995	13.74
1971	23.13	17.91	22.31	24.78	9.42	2.45	734856	16.36
1981	20.77	17.98	28.43	17.78	9.1	5.94	1149136	20.07
1991	33.14	13.39	28.09	14.99	5.83	4.56	1634084	22.97
2001	34.83	18.26	23.26	11.68	9.91	2.07	2179074	25.67
2011	45.7	11.15	17.7	15	9.29	1.15	3049338	30.23

Fonte: Compilado a partir de vários censos

Durante este processo de urbanização, os distritos de planície registaram um maior aumento do número de cidades do que os distritos de montanha (Quadro 4.17).

Quadro 4.17: *Crescimento das cidades em Uttarakhand*

Distrito	*1901*	*1911*	*1921*	*1931*	*1941*	*1951*	*1961*	*1971*	*1981*	*1991*	*2001*	*2011*
Almora	2	2	2	3	3	3	3	3	4	4	4	5
Bageshwar								1	1	1	1	1
Chamoli								2	6	6	6	6
Rudraprayag									2	2	2	2
Champawat								1	3	4	4	4
Dehradun	5	5	5	6	6	7	8	9	10	12	15	22

Haridwar	4	4	5	5	5	5	4	5	7	8	10	24
Naintal	4	4	5	6	5	5	5	5	8	8	8	11
Pauri Garhwal	3	3	*4*	3	3	5	5	5	5	5	7	9
Pithoragarh					1	1		1	3	3	3	3
Tehri Garhwal						5	3	4	5	5	7	7
Udham Singh Nagar	2	2	2	2	2	2	3	3	9	15	17	19
Uttarkashi						1	1	1	2	3	3	3
Uttarakhand	*20*	*20*	*23*	*25*	*25*	*34*	*32*	*40*	*65*	*76*	*87*	*116*

Fonte: Compilado a partir de vários censos

A relação entre as cidades de Uttarakhand e a sua dimensão revela a presença de um maior número de cidades de pequena dimensão e um menor número de cidades de grande e média dimensão (Fig. 4.20). Isto mostra também que estão a surgir padrões escalonados e binários na distribuição das vilas e cidades.

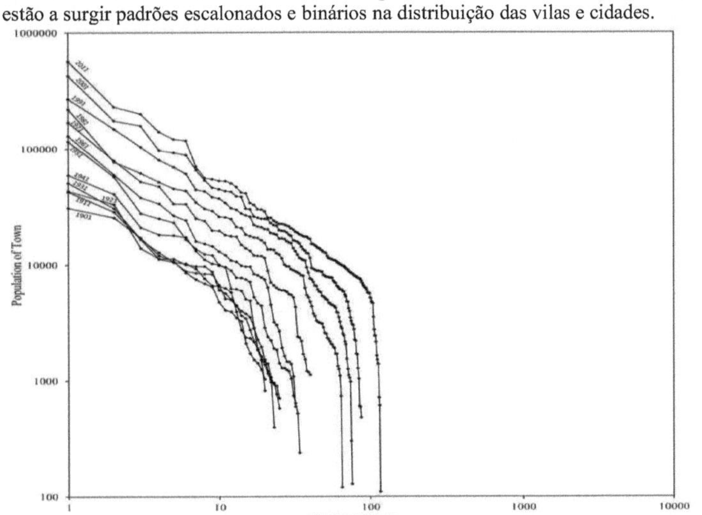

Fig. 4.20: *Relação entre o tamanho da classificação nas cidades de Uttarakhand, 1901-2011*

Quase todas as cidades de Uttarakhand estão concentradas na parte sul do Estado, devido à topografia plana e à fácil acessibilidade (Fig. 4.21).

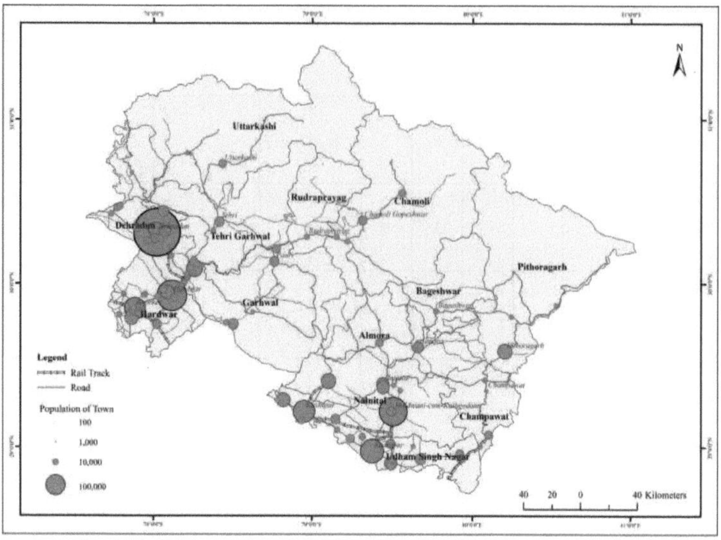

Fig. 4.21: *Centros urbanos de Uttarakhand, 2011*

Em Uttarakhand, existe uma desigualdade geográfica entre as colinas e as planícies que divide o Estado de forma crítica. Os distritos das planícies estão muito à frente em vários indicadores de desenvolvimento e a maior parte do crescimento devido ao sector transformador e à industrialização tem-se restringido às planícies. Os distritos da região montanhosa estão menos desenvolvidos em termos de infra-estruturas, ou seja, eletricidade, estradas e irrigação. A desigualdade interdistrital em matéria de infra-estruturas conduz a uma disparidade crescente em termos de rendimento e de meios de subsistência entre as colinas e as planícies. Os baixos níveis de rendimento não só resultam em baixos níveis de consumo e privação material, mas também limitam o potencial humano ao restringir o acesso à educação e aos serviços de saúde, criando assim um ciclo vicioso de pobreza. Cerca de 44% da população da região montanhosa vive abaixo do limiar de pobreza, enquanto este rácio é de apenas 19% no caso das zonas planas (no total, 38,3% da população do Estado vive abaixo do limiar de pobreza) (Comissão de Planeamento, 2013) (Quadro 4.18).

Tabela 4.18: *Percentagem de pessoas abaixo do limiar de pobreza por distrito*

Distrito	*PIB per capita em Rs.*	*% População BPL*
Almora	50596	9
Bageshwar	39838	11.7
Chamoli	51479	9.3
Champawat	41120	15.2
Dehradun	74457	6.7
Haridwar	81613	14.7
Naintal	71932	9.1
Pauri Garhwal	57420	8.8

Pithoragarh	47760	11.4
Rudraprayag	45272	6.3
Tehri Garhwal	56277	9.4
Udham Singh Nagar	83208	15.7
Uttarkashi	35598	13.2

Fonte: Pobreza espacial em Uttarakhand, data.gov.in, 01 de novembro de 2016

Uttarakhand, apesar de ser um pequeno Estado, tem certas caraterísticas fundamentais que o distinguem de outros Estados do país. Este facto realça o seu potencial de desenvolvimento. No entanto, o desenvolvimento tem-se verificado predominantemente nas planícies, tendo os distritos das montanhas sido deixados para trás. Todos os distritos montanhosos têm como principal atividade económica a agricultura de subsistência. Devido à subsistência, a migração e uma economia de remessas operam nos distritos montanhosos. Estes distritos não têm acesso ao território e as distâncias entre os mercados e os recursos são enormes. As caraterísticas positivas destes distritos montanhosos são o facto de terem um enorme potencial turístico, um clima adequado para a agricultura de alto valor e um ambiente agradável devido à cobertura florestal de 60%. Tendo em conta os seus condicionalismos, o desenvolvimento do Estado pode ser alcançado através do desenvolvimento de infra-estruturas, da promoção do turismo, da diversificação da agricultura e do crescimento industrial.

Capítulo 5

Alterações climáticas em Uttarakhand: Uma microanálise

No capítulo anterior, discutimos o contexto geográfico da área de estudo. Uttarakhand é um estado de beleza natural que atrai milhões de turistas todos os anos. O Estado tem também uma boa estrutura industrial na sua parte inferior e é um ator importante na produção de energia hidroelétrica. No entanto, trata-se de um Estado sensível do ponto de vista das alterações climáticas, devido à sua topografia variável e à sua rica massa glaciar. O Estado faz parte do grande regime dos Himalaias e especula-se que a região poderá sofrer grandes alterações no seu ambiente físico-cultural devido a alterações climáticas. Estudos sugerem que o Estado está ameaçado de um recuo glaciar significativo devido ao aumento das actividades humanas (Cruz et al., 2007). Há também opiniões de que as mudanças no clima do estado fazem parte do ciclo natural (Raina, 2010:7; GSI, 2001). No entanto, quantificar as mudanças, se elas estão a ocorrer no estado, ainda é uma tarefa não atribuída. O presente trabalho tenta preencher esta lacuna e mede as mudanças de temperatura e precipitação que o estado testemunhou durante o último século, em termos estatísticos.

Tendência das alterações da temperatura e da precipitação em Uttarakhand

O estudo analisa as temperaturas médias, máximas e mínimas, a amplitude térmica diurna e a pluviosidade à escala anual para observar as alterações nos padrões de temperatura e pluviosidade e para calcular as tendências a nível estatal e distrital. No entanto, também foi efectuada uma análise de tendências para alterações sazonais e mensais para explorar a sazonalidade nas tendências anuais. Para a análise sazonal, o investigador considerou quatro estações (conforme divididas pelo Departamento Meteorológico da Índia): a) inverno: dezembro - fevereiro; b) verão: março-maio; c) Monção: junho-setembro; e d) Pós-monção: outubro-novembro.

Alterações de temperatura

A temperatura é o fator-chave de todos os fenómenos climáticos e mesmo uma pequena alteração pode causar uma mudança significativa no clima. Embora as alterações da temperatura média sejam um indicador útil das alterações e da variabilidade climáticas, as alterações das temperaturas máximas e mínimas diárias fornecem mais informações do que a média por si só. Isto deve-se ao facto de as tendências na temperatura média da superfície poderem ser devidas a alterações na temperatura máxima ou mínima, ou a alterações relativas em ambas. O estudo analisa, por conseguinte, as temperaturas média, máxima e mínima, bem como a amplitude térmica diurna, para inferir as alterações de temperatura de uma forma mais realista.

i. Alterações na temperatura média

A Fig. 5.1 mostra o padrão de variabilidade da temperatura média durante o último século. Os ciclos naturais de 4-5 anos de mudança de temperatura são bastante evidentes, no entanto, nenhum sinal significativo de mudança de temperatura foi visível até à independência. Durante a década de 1950, o Estado registou uma tendência de aumento da temperatura média anual, mas durante a década de 1970 a temperatura começou a diminuir. No entanto, a tendência de aumento da temperatura média foi retomada durante a década de 1990 e continua até à atualidade. Passando por estas fases de aumento e diminuição, o estado registou um aumento de 0,46°C na temperatura durante o último século. (Este aumento é significativo a um nível de confiança de 99%).

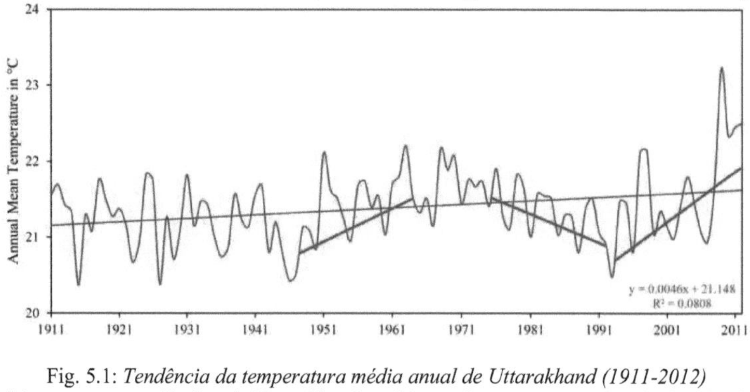

Fig. 5.1: *Tendência da temperatura média anual de Uttarakhand (1911-2012)*

O Quadro 5.1 mostra que os distritos de Uttarakhand também registaram uma tendência significativa de aumento da temperatura média anual durante o último século.

Quadro 5.1: *Alterações da temperatura média anual em Uttarakhand*

Distritos Onde A temperatura está a aumentar Significativamente a 99%	*Tendência da temperatura média anual em °C/100 anos*	*Distritos Onde A temperatura está a aumentar Significativamente a 95%*	*Tendência da temperatura média anual em °C/100 anos*
Pithoragarh	0.58	Garhwal	0.41
Chamoli	0.54	Dehradun	0.37
Rudraprayag	0.53	Hardwar	0.34
Bageshwar	0.52		
Uttarkashi	0.51		
Champawat	0.49		
Almora	0.46		
Nainital	0.44		
Tehri Garhwal	0.43		
Udham Singh Nagar	0.42		

Fonte: Calculado

É evidente na Fig. 5.2 que os distritos montanhosos registaram mais aquecimento do que os planície. De um total de 13 distritos de Uttarakhand, 6 registaram um aumento da temperatura média superior à marca do Estado (0,46°C), enquanto Almora registou um aquecimento quase igual ao de Uttarakhand. Os restantes 6 distritos, que têm um relevo baixo ou são quase planícies, registaram um aquecimento comparativamente baixo.

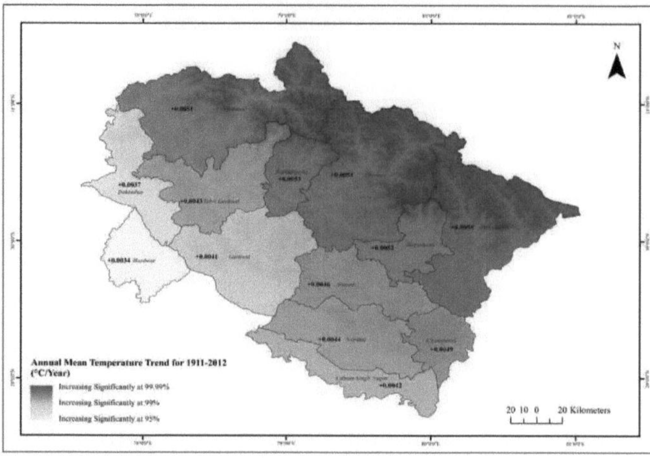

Fig. 5.2: *Variação da temperatura média anual*

As tendências sazonais das alterações da temperatura média são apresentadas no Quadro 5.2.

Tabela 5.2: *Alterações sazonais da temperatura média (°C/100 anos)*

Distrito/Estado	*verão*	*Monção*	*Pós-monção*	*inverno*
Almora	0.66	-0.32*	0.65*	1.18**
Bageshwar	0.71	-0.26	0.68**	1.25**
Chamoli	0.78*	-0.23	0.68**	1.24**
Champawat	0.64	-0.26	0.66*	1.21**
Dehradun	0.89*	-0.50**	0.39	1.00**
Garhwal	0.72	-0.42**	0.54*	1.10**
Hardwar	0.77*	-0.54**	0.40	1.05**
Nainital	0.61	-0.34*	0.67*	1.17**
Pithoragarh	0.77*	-0.18	0.70**	1.32**

Rudraprayag	0.80*	-0.25	0.66*	1.20**
Tehri Garhwal	0.85*	-0.38*	0.52*	1.04**
Udham Singh Nagar	0.61	-0.40*	0.68**	1.15**
Uttarkashi	0.92*	-0.28	0.59*	1.10**
Uttarakhand	*0.75**	*-0.33**	*0.60**	*1.15***

***. A tendência é significativa a um nível de confiança de 99%.*
**. A tendência é significativa a um nível de confiança de 95%. Fonte: Calculado*

Este quadro (5.2) revela que o Estado registou uma tendência decrescente da temperatura média durante a estação das monções, sendo esta queda significativa no caso dos distritos de Hardwar, Dehradun, Garhwal, Udham Singh Nagar, Tehri Garhwal, Nainital e Almora. Durante o verão, após a monção e no inverno, o Estado registou uma tendência para o aumento da temperatura média. No entanto, não é visível um padrão definido. Enquanto os Verões estão a aquecer significativamente nos distritos de Uttarkashi, Dehradun, Tehri Garhwal, Rudraprayag, Chamooli, Pithoragarh e Hardwar, os Invernos têm registado um aumento muito significativo da temperatura em todo o Estado. No entanto, durante o período pós-monção, os dois distritos - Dehradun e Hardwar - não registaram qualquer aumento significativo das temperaturas médias.

A Tabela 5.3 e a Fig. 5.3 mostram as alterações da temperatura média mensal durante o último século.

Tabela 5.3: *Alterações mensais da temperatura média (°C/100 anos)*

Distrito/Estado	*Jan*	*Fev*	*Mar*	*abril*	*maio*	*Jun*	*Jul*	*agosto*	*setembro*	*outubro*	*Nov*	*Dez*
Almora	0.49	1.77**	1.12	0.75	0.09	-0.43	-0.27	-0.36*	-0.21	0.29	1.00**	1.27**
Bageshwar	0.63	1.79**	1.19	0.80	0.14	-0.36	-0.20	-0.31	-0.18	0.35	1.01**	1.32**
Chamoli	0.73	1.73**	1.25*	0.87	0.23	-0.27	-0.22	-0.24	-0.17	0.37	1.00**	1.24**
Champawat	0.54	1.77**	1.07	0.71	0.14	-0.38	-0.17	-0.31	-0.18	0.33	0.99**	1.32**
Dehradun	0.56	1.47**	1.07*	1.15*	0.46	-0.50	-0.58*	-0.50*	-0.44*	-0.09	0.87**	0.97**

Garhwal	0.54	1.63**	1.05	0.92	0.21	-0.47	-0.45	-0.43*	-0.33	0.16	0.93**	1.14**
Hardwar	0.55	1.50**	0.90	1.12*	0.30	-0.55	-0.63*	-0.51*	-0.48*	-0.07	0.87**	1.11**
Nainital	0.44	1.75**	1.03	0.72	0.06	-0.49	-0.29	-0.35*	-0.24	0.28	1.05**	1.32**
Pithoragarh	0.78	1.82**	1.24*	0.87	0.21	-0.26	-0.10	-0.25	-0.13	0.39	1.02**	1.36**
Rudraprayag	0.72	1.71**	1.23*	0.89	0.28	-0.27	-0.28	-0.24	-0.20	0.34	0.98**	1.16**
Tehri Garhwal	0.60	1.54**	1.16*	1.01	0.36	-0.40	-0.42	-0.38	-0.31	0.13	0.90**	0.99**
Udham Singh Nagar	0.44	1.70**	0.99	0.76	0.08	-0.57	-0.36	-0.35*	-0.30	0.27	1.10**	1.31**
Uttarkashi	0.67	1.58**	1.29*	1.02*	0.46	-0.28	-0.33	-0.27	-0.22	0.20	0.98**	1.06**
Uttarakhand	*0.59*	*1.67***	*1.12*	*0.89*	*0.23*	*-0.40*	*-0.33*	*-0.35**	*-0.26*	*0.23*	*0.98***	*1.20***

**. *A tendência é significativa a um nível de confiança de 99%.*
*. *A tendência é significativa a um nível de confiança de 95%. Fonte: Calculado*

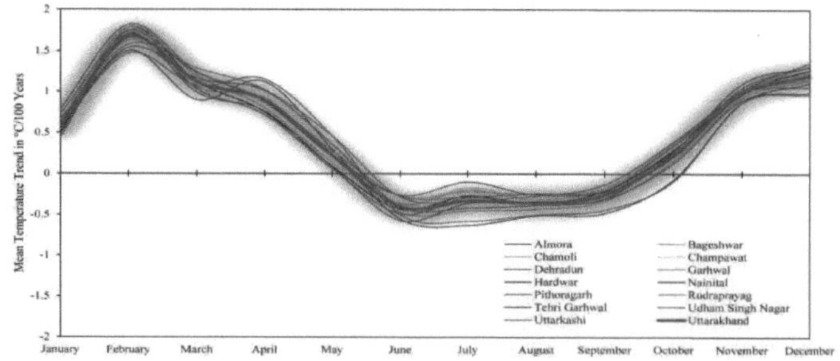

Fig. 5.3: *Variações mensais da temperatura média*

Evidentemente, os três meses - fevereiro, novembro e dezembro - registaram uma tendência de aquecimento muito significativa. Este facto mostra claramente que estes meses são os principais responsáveis pela variação sazonal e anual da temperatura. No entanto, o mês de janeiro, que se situa entre estes três meses, não registou qualquer alteração significativa da temperatura. Os meses de junho, julho, agosto e setembro têm, no entanto, registado uma tendência decrescente da temperatura, que se estende até outubro no caso dos distritos de Dehradun e Hardwar. A Fig. 5.3 mostra claramente que as tendências da temperatura média mensal dos dois distritos - Hardwar e Dehradun - registaram a tendência máxima de desvio em relação à média do Estado.

ii. Alterações na temperatura máxima

As mudanças centenárias nas temperaturas máximas médias anuais no estado são apresentadas na Tabela 5.4. É digno de nota o facto de o Estado ter registado um aumento muito significativo de 0,43°C na temperatura máxima média durante os últimos 100 anos.

Tabela 5.4: *Variação da temperatura máxima média anual*

Distritos que registam um aumento significativo da temperatura com um nível de confiança de 99	*Tendência em °C/100 anos*	*Distritos que registam um aumento significativo da temperatura com um nível de confiança de 95%*	*Tendência em °C/100 anos*	*Distritos com aumento de temperatura*	*Tendência em °C/100 anos*
Pithoragarh	0.54	Almora	0.42	Hardwar	0.31
Chamoli	0.51	Nainital	0.41		
Bageshwar	0.48	Udham Singh Nagar	0.4		
Rudraprayag	0.48	Tehri Garhwal	0.39		
Uttarkashi	0.46	Garhwal	0.37		
Champawat	0.45	Dehradun	0.33		

Fonte: Calculado

A figura 5.4 mostra claramente que os distritos montanhosos registaram um aumento significativo da temperatura máxima, ao passo que Hardwar, que se situa nas planícies, não registou qualquer alteração significativa. Dos 12 distritos que registaram um aumento significativo do limite superior da temperatura, 6 distritos - Pithoragarh, Chamoli, Bageshwar, Rudraprayag, Uttarkashi e Champawat - estão acima da marca do Estado (0,43°C), enquanto os restantes 6 distritos - Almora, Nainital, Udham Singh Nagar, Tehri Garhwal, Garhwal e Dehradun - registaram um aumento da temperatura máxima inferior ao do Estado.

A leitura do Quadro 5.5 mostra que, tal como as temperaturas médias, a temperatura máxima também aumentou significativamente em todo o Estado durante os Invernos. No entanto, na estação das monções, registou-se uma tendência decrescente. Tal como no inverno, também no verão e na estação pós-monção se verificou uma tendência para o aumento da temperatura máxima.

A Tabela 5.6, que mostra as alterações mensais, indica que a temperatura máxima está a aumentar significativamente durante os meses de fevereiro, novembro e dezembro, enquanto está a diminuir nos meses de junho, julho, agosto e setembro.

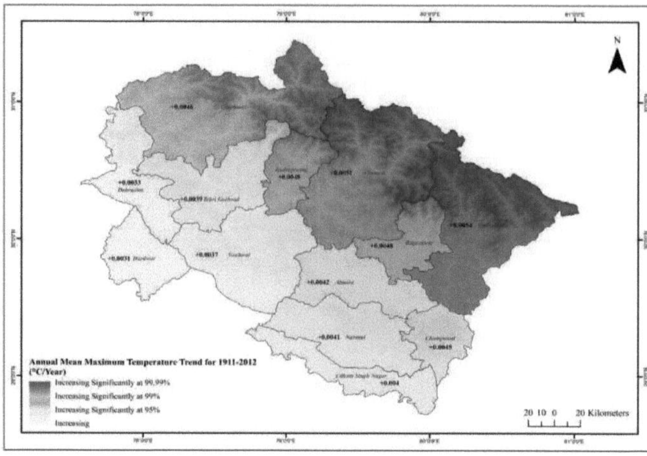

Fig. 5.4: *Variação da temperatura máxima média anual*

Tabela 5.5: *Alterações sazonais da temperatura máxima média (°C/100 anos)*

Distrito/Estado	*verão*	*Monção*	*Pós-monção*	*inverno*
Almora	0.61	-0.38†	0.65*	1.14‡
Bageshwar	0.66	-0.31	0.68*	1.22**
Chamoli	0.74	-0.29	0.70*	1.21**
Champawat	0.62	-0.31*	0.64*	1.17**
Dehradun	0.83*	-0.56**	0.41	0.96**
Garhwal	0.67	-0.48**	0.57*	1.07**
Hardwar	0.74	-0.59**	0.42	1.02**

† *. *A tendência é significativa a um nível de confiança de 99%.*
*. *A tendência é significativa a um nível de confiança de 95%.*
Fonte: Calculado

Nainital	0.57	-0.41*	0.67*	1.15**
Pithoragarh	0.71	-0.23	0.69*	1.29**
Rudraprayag	0.74	-0.32*	0.66*	1.17**
Tehri Garhwal	0.78*	-0.45**	0.52*	1.01**
Udham Singh Nagar	0.58	-0.45**	0.71**	1.13**
Uttarkashi	0.86*	-0.36*	0.58*	1.07**
Uttarakhand	*0.70*	*-0.39**	*0.61**	*1.12***

* *. *A tendência é significativa a um nível de confiança de 99%.*
* . *A tendência é significativa a um nível de confiança de 95%.*
Fonte: Calculado

Tabela 5.6: *Variações da temperatura máxima média mensal (°C/100 anos)*

Distrito/Estado	*Jan*	*Fev*	*Mar*	*abril*	*maio*	*Jun*	*Jul*	*agosto*	*setembro*	*outubro*	*Nov*	*Dez*
Almora	0.43	1.80**	1.09	0.71	0.03	-0.53	-0.35	-0.40*	-0.23	0.25	1.04**	1.20**
Bageshwar	0.55	1.82**	1.14	0.76	0.08	-0.42	-0.26	-0.34	-0.23	0.32	1.04**	1.28**
Chamoli	0.67	1.76**	1.21	0.86	0.15	-0.36	-0.30	-0.30	-0.19	0.35	1.04**	1.20**
Champawat	0.47	1.79**	1.02	0.71	0.12	-0.45	-0.24	-0.32	-0.25	0.28	1.00**	1.25
Dehradun	0.51	1.48**	1.00	1.11*	0.37	-0.61	-0.61*	-0.55*	-0.48	-0.11	0.92**	0.91*
Garhwal	0.50	1.65**	1.00	0.88	0.13	-0.56	-0.53*	-0.50*	-0.33	0.16	0.98**	1.07**

Hardwar	0.49	1.52**	0.88	1.11*	0.22	-0.61	-0.66*	-0.56*	-0.53*	-0.08	0.93**	1.06**
Nainital	0.39	1.80**	1.01	0.67	0.04	-0.61	-0.36	-0.39*	-0.28	0.25	1.10**	1.26**
Pithoragarh	0.70	1.84**	1.18	0.83	0.12	-0.33	-0.15	-0.26	-0.17	0.34	1.05**	1.33**
Rudraprayag	0.65	1.76**	1.16	0.85	0.21	-0.40	-0.36	-0.28	-0.23	0.32	1.01**	1.11**
Tehri Garhwal	0.55	1.55**	1.10	0.98	0.27	-0.52	-0.50*	-0.44*	-0.33	0.11	0.93**	0.93*
Udham Singh Nagar	0.38	1.73**	0.96	0.74	0.05	-0.66	-0.43	-0.38*	-0.34	0.25	1.16**	1.28**
Uttarkashi	0.60	1.60**	1.24*	0.97	0.37	-0.40	-0.42	-0.34	-0.26	0.16	1.00**	1.00*
Uttarakhand	*0.53*	*1.70***	*1.08*	*0.86*	*0.17*	*-0.50*	*-0.40*	*-0.39**	*-0.30*	*0.20*	*1.01***	*1.15***

iii. Alterações da temperatura mínima

Durante os últimos 100 anos, Uttarakhand registou um aumento significativo de 0,50° C na temperatura mínima. O Quadro 5.7 resume as alterações da temperatura mínima a nível distrital.

Tabela 5.7: *Variação da temperatura mínima média anual*

Distritos que registam um aumento significativo da temperatura com um nível de confiança de 99	*Tendência em °C/100 anos*	*Distritos que registam um aumento significativo da temperatura com um nível de confiança de 95%*	*Tendência em °C/100 anos*
Pithoragarh	0.61	Dehradun	0.41
Chamoli	0.59	Hardwar	0.38
Rudraprayag	0.57		
Uttarkashi	0.56		
Bageshwar	0.55		

Champawat	0.51		
Almora	0.49		
Nainital	0.47		
Tehri Garhwal	0.47		
Udham Singh Nagar	0.45		
Garhwal	0.43		

Fonte: Calculado

É evidente que, embora todos os distritos tenham registado um aumento significativo da temperatura mínima, seis distritos - Pithoragarh, Chamoli, Rudraprayag, Uttarkashi, Bageshwar e Champawat - registaram um aumento superior à marca do estado (0,50°C). A Fig. 5.5 mostra a distribuição espacial das alterações da temperatura mínima. É bastante claro que os distritos montanhosos estão a registar um aumento muito significativo da temperatura mínima, enquanto esta alteração é mínima no caso de Hardwar, que é quase plana.

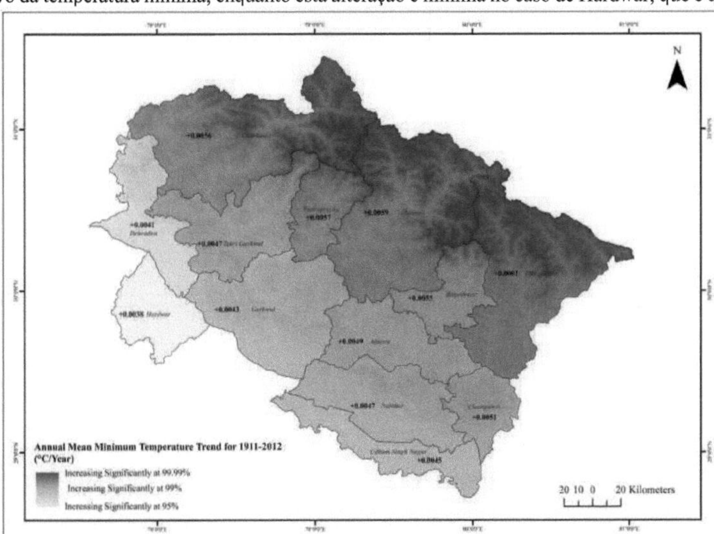

Fig. 5.5: *Variação da temperatura mínima média anual*

O comportamento sazonal da temperatura mínima durante os últimos 102 anos é apresentado na Tabela 5.8.

Tabela 5.8: *Alterações sazonais da temperatura mínima média (°C/100 anos)*

Estado/Região	verão	Monção	Pós-monção	inverno
Almora	0.68	-0.26	0.64*	1.19**

Bageshwar	0.73	-0.20	0.67*	1.27**
Chamoli	0.83*	-0.16	0.69*	1.26**
Champawat	0.66	-0.22	0.64*	1.23**
Dehradun	0.92*	-0.43*	0.40	1.04**
Garhwal	0.75	-0.37*	0.54*	1.12**
Hardwar	1.21*	-0.48**	0.39	1.08**
Nainital	0.62	-0.31	0.67*	1.20**
Pithoragarh	0.81*	-0.12	0.69*	1.35**
Rudraprayag	0.84*	-0.18	0.68*	1.24**
Tehri Garhwal	0.88*	-0.31	0.52	1.07**
Udham Singh Nagar	0.63	-0.37*	0.69**	1.18**
Uttarkashi	0.98**	-0.20	0.60*	1.14**
Uttarakhand	*0.78**	*-0.28*	*0.60**	*1.18***

***. A tendência é significativa a um nível de confiança de 99%.*
**. A tendência é significativa a um nível de confiança de 95%.*
Fonte: Calculado

As tendências sazonais obtidas para a temperatura mínima apresentam quase o mesmo resultado que as temperaturas média e máxima. Também aqui, os Invernos registam uma tendência significativa de aquecimento, seguida das estações pós-monção e de verão, enquanto a estação das monções regista uma descida da temperatura mínima.

As tendências da temperatura mínima média mensal apresentadas na Tabela 5.9 coincidem com os resultados obtidos no caso das temperaturas média e máxima, em que os meses de fevereiro, novembro e dezembro estão a aquecer significativamente, enquanto a temperatura durante os meses de junho, julho, agosto e setembro está a diminuir.

Tabela 5.9: *Variação da temperatura mínima média mensal (°C/100 anos)*

Distrito/Estado	*Jan*	*Fev*	*Mar*	*abril*	*maio*	*Jun*	*Jul*	*agosto*	*setembro*	*outubro*	*Nov*	*Dez*

Almora	0.53	1.74**	1.16	0.77	0.12	-0.32	-0.24	-0.32	-0.17	0.31	0.97**	1.31**
Bageshwar	0.70	1.75**	1.22*	0.79	0.18	-0.25	-0.13	-0.27	-0.14	0.37	0.97**	1.37**
Chamoli	0.82	1.68**	1.30*	0.90	0.29	-0.15	-0.16	-0.18	-0.15	0.43	0.96**	1.29**
Champawat	0.60	1.75**	1.09	0.71	0.18	-0.30	-0.17	-0.28	-0.13	0.33	0.96**	1.35**
Dehradun	0.64	1.44**	1.08*	1.18*	0.50	-0.41	-0.51*	-0.42*	-0.38	-0.07	0.86**	1.03**
Garhwal	0.58	1.59**	1.07	0.94	0.25	-0.37	-0.43	-0.39	-0.30	0.19	0.90**	1.18**
Hardwar	0.60	1.47**	0.94	1.15*	0.33	-0.45	-0.59*	-0.46*	-0.44*	-0.07	0.86**	1.17**
Nainital	0.51	1.74**	1.06	0.70	0.11	-0.42	-0.28	-0.32	-0.21	0.33	1.01**	1.36**
Pithoragarh	0.86	1.77**	1.27*	0.90	0.25	-0.16	-0.03	-0.22	-0.07	0.41	0.97**	1.42**
Rudraprayag	0.81	1.69**	1.27*	0.89	0.36	-0.19	-0.21	-0.16	-0.18	0.42	0.94**	1.22**
Tehri Garhwal	0.65	1.50**	1.19*	1.02*	0.42	-0.30	-0.37	-0.31	-0.28	0.16	0.88**	1.04**
Udham Singh Nagar	0.51	1.68**	1.02	0.75	0.11	-0.50	-0.36	-0.32	-0.29	0.31	1.07**	1.37**

Uttarkashi	0.74	1.55**	1.34*	1.05*	0.55	-0.16	-0.26	-0.21	-0.19	0.23	0.97**	1.13**
Uttarakhand	*0.66*	*1.64***	*1.15**	*0.90*	*0.28*	*-0.31*	*-0.29*	*-0.30*	*-0.23*	*0.26*	*0.95***	*1.25***

***. A tendência é significativa a um nível de confiança de 99%.*
**. A tendência é significativa a um nível de confiança de 95%.*
Fonte: Calculado

iv. Alterações na amplitude térmica diurna

Durante o último século, o estado de Uttarakhand registou uma alteração quase insignificante de -0,07°C na amplitude térmica diurna. Como mostra a Tabela 5.10, a mesma tendência decrescente foi registada em todos os distritos do Estado. No entanto, a distribuição espacial das tendências indica que a parte ocidental do Estado registou uma maior alteração em comparação com a parte oriental (Fig. 5.6).

Tabela 5.10: *Tendência da amplitude térmica diurna anual (1911-2012)*

Distritos que registam uma diminuição da temperatura	*Tendência em °C/100 anos*
Hardwar	0.76
Uttarkashi	0.10
Dehradun	0.09
Rudraprayag	0.09
Chamoli	0.08
Tehri Garhwal	0.08
Bageshwar	0.07
Pithoragarh	0.07
Almora	0.06
Champawat	0.06
Garhwal	0.06
Nainital	0.06

Udham Singh Nagar	0.05

Fonte: Calculado

Os resultados da análise das mudanças sazonais na amplitude térmica diurna mostram que, embora haja uma tendência negativa de mudança durante o verão, a monção e o inverno, há um resultado misto para o período pós-monção. Enquanto a nível estatal, esta tendência é negativa, os 7 distritos - Almora, Bageshwar, Champawat, Garhwal, Hardwar, Pithoragarh e Udham Singh Nagar - mostraram uma tendência crescente (Quadro 5.11). No entanto, todos os resultados são insignificantes e não sugerem qualquer alteração significativa.

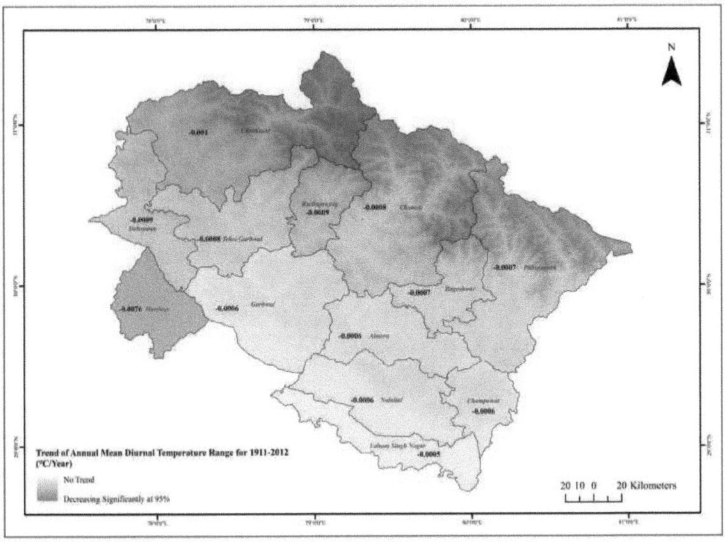

Fig. 5.6: *Alterações na amplitude térmica diurna média anual*

Tabela 5.11: *Alterações sazonais na gama de temperaturas médias diurnas (°C/100 anos)*

Distrito/Estado	verão	Monção	Pós-monção	inverno
Almora	-0.07	-0.10	0.007	-0.05
Bageshwar	-0.08	-0.11	0.02	-0.06
Chamoli	-0.10	-0.13	-0.002	-0.06
Champawat	-0.05	-0.09	0.01	-0.06
Dehradun	-0.09	-0.14	-0.01	-0.07

Garhwal	-0.07	-0.11	0.01	-0.05
Hardwar	-0.06	-0.11	0.02	-0.05
Nainital	-0.05	-0.09	-0.005	-0.06
Pithoragarh	-0.08	-0.11	0.004	-0.06
Rudraprayag	-0.10	-0.14	-0.01	-0.07
Tehri Garhwal	-0.09	-0.14	-0.005	-0.06
Udham Singh Nagar	-0.05	-0.09	0.01	-0.06
Uttarkashi	-0.11	-0.16	-0.02	-0.07
Uttarakhand	*-0.08*	*-0.12*	*0.003*	*-0.06*

Fonte: Calculado

A análise das variações mensais da amplitude térmica diurna também apresenta um resultado misto. Todos os valores são insignificantes. Pode, no entanto, notar-se que os meses de novembro e fevereiro, que registaram um aumento muito significativo das temperaturas média, máxima e mínima, são os únicos meses que também apresentam um aumento da amplitude térmica diurna (Quadro 5.12).

Tabela 5.12: *Alterações mensais na gama de temperaturas médias diurnas*

Distrito/Estado	*Jan*	*Fev*	*Mar*	*abril*	*maio*	*Jun*	*Jul*	*agosto*	*setembro*	*outubro*	*Nov*	*Dez*
Almora	-0.11	0.06	-0.08	-0.04	-0.10	-0.19	-0.10	-0.08	-0.06	-0.07	0.08	-0.09
Bageshwar	-0.15	0.07	-0.08	-0.04	-0.11	-0.19	-0.11	-0.06	-0.08	-0.04	0.08	-0.10
Chamoli	-0.16	0.07	-0.09	-0.05	-0.14	-0.21	-0.15	-0.10	-0.05	-0.08	0.08	-0.11
Champawat	-0.14	0.06	-0.07	-0.01	-0.08	-0.14	-0.08	-0.03	-0.11	-0.05	0.08	-0.08
Dehradun	-0.13	0.05	-0.08	-0.04	-0.14	-0.20	-0.11	-0.14	-0.11	-0.06	0.05	-0.12

Garhwal	-0.09	0.06	-0.08	-0.03	-0.12	-0.19	-0.11	-0.11	-0.04	-0.05	0.07	-0.10
Hardwar	-0.10	0.04	-0.07	-0.02	-0.11	-0.18	-0.08	-0.11	-0.07	-0.02	0.06	-0.10
Nainital	-0.14	0.05	-0.07	-0.02	-0.08	-0.16	-0.08	-0.06	-0.07	-0.10	0.09	-0.09
Pithoragarh	-0.15	0.07	-0.09	-0.05	-0.12	-0.17	-0.12	-0.05	-0.10	-0.06	0.07	-0.10
Rudraprayag	-0.16	0.07	-0.09	-0.06	-0.16	-0.22	-0.15	-0.12	-0.06	-0.08	0.06	-0.12
Tehri Garhwal	-0.11	0.05	-0.09	-0.05	-0.14	-0.22	-0.14	-0.14	-0.06	-0.06	0.05	-0.12
Udham Singh Nagar	-0.13	0.05	-0.06	-0.01	-0.07	-0.15	-0.08	-0.07	-0.06	-0.07	0.08	-0.09
Uttarkashi	-0.15	0.06	-0.10	-0.07	-0.18	-0.24	-0.17	-0.14	-0.08	-0.08	0.04	-0.12
Uttarakhand	*-0.13*	*0.06*	*-0.08*	*-0.04*	*-0.12*	*-0.19*	*-0.11*	*-0.09*	*-0.07*	*-0.06*	*0.07*	*-0.10*

Fonte: Calculado

As tendências decrescentes da amplitude térmica diurna mostram que a diferença entre a temperatura máxima e a temperatura mínima foi, em geral, minimizada.

Anomalia de temperatura

Em comparação com os valores absolutos, a anomalia da temperatura ou da precipitação em relação a uma linha de base fornece frequentemente informações mais significativas sobre a mudança. A Fig. 5.7 apresenta um padrão centenário de anomalias na temperatura média anual a partir do período de base de 1961-1990. Há quatro fases de mudança claramente visíveis no padrão: uma fase negativa até 1950, quando a temperatura era quase inferior à média do período de base de 1961-1990, uma fase de aquecimento entre 1950 e 1980; novamente uma fase negativa entre 1980 e 2006, e depois uma fase de aquecimento significativo após 2006.

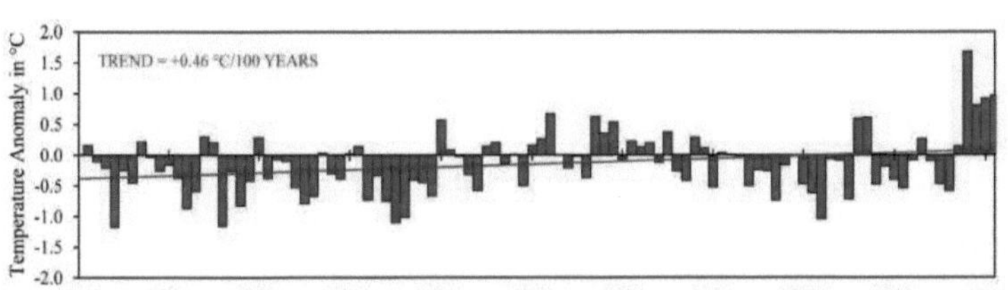

Fig. 5.7: *Anomalia da temperatura média anual em Uttarakhand*

A análise distrital da anomalia de temperatura também corrobora o padrão do estado e mostra um aquecimento significativo nos últimos anos {Fig. 5.8 (I) - (XIII)}.

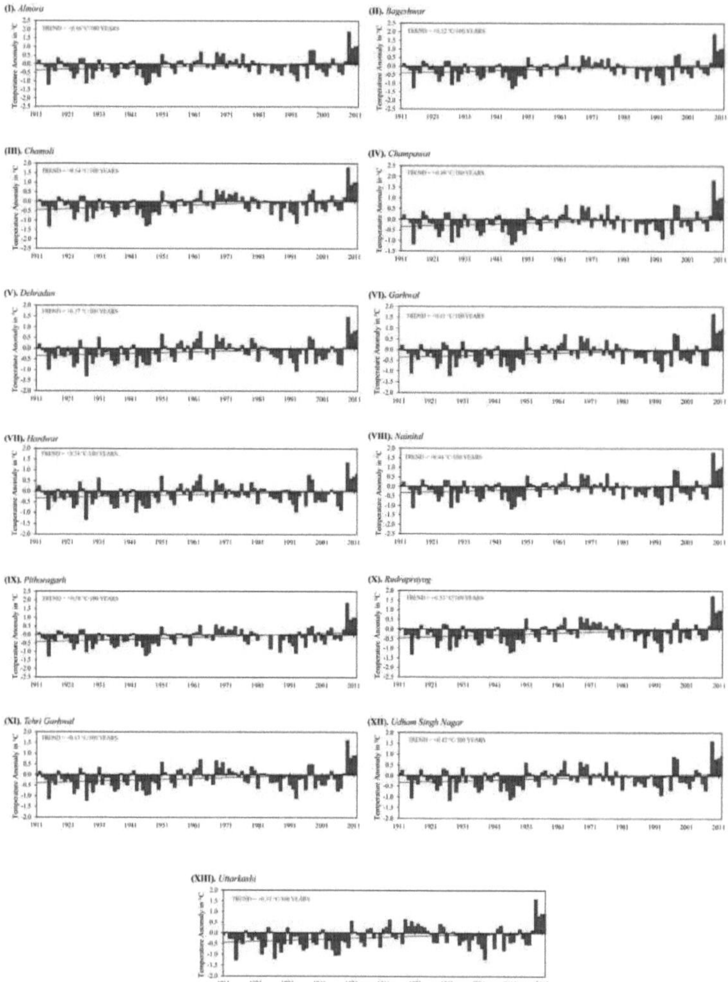

Fig. 5.8: *Anomalia da temperatura média anual em °C (período de base: 1961 - 1990)*

Alterações da precipitação

A precipitação é um elemento-chave do sistema climático e altera-se com a mudança do clima. O presente estudo analisa o padrão de precipitação dos últimos 102 anos a nível distrital para verificar as alterações que estão a ocorrer no clima de Uttarakhand.

A Fig. 5.9 mostra o padrão de precipitação anual de Uttarakhand. As flutuações no quantum de precipitação são bastante evidentes. No entanto, a inclinação da linha de tendência sugere uma tendência decrescente. Como mostra a linha de tendência azul, o Estado registou uma diminuição notável da precipitação após a década de 1990.

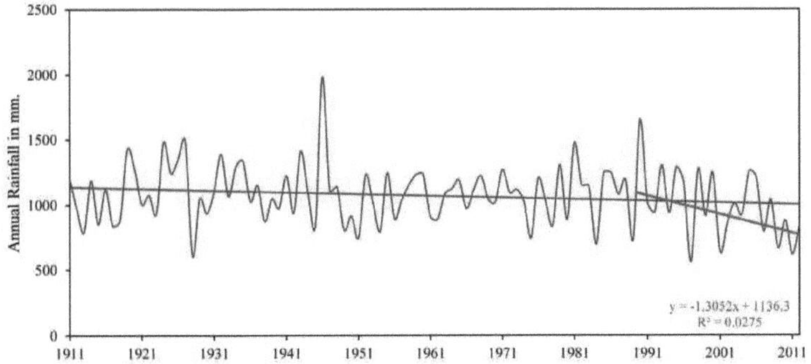

Fig. 5.9: *Tendência anual da precipitação em Uttarakhand*

A Tabela 5.13 apresenta as alterações na precipitação anual a nível distrital durante o último século. É digno de nota o facto de o Estado ter registado um decréscimo insignificante de 13,05 cm na precipitação nos últimos 100 anos.

Tabela 5.13: *Tendências da precipitação anual para 1911-2012*

Distrito Aumento da pluviosidade	*Tendência da precipitação anual em cm./100anos*	*Testemunho de distrito Diminuição da pluviosidade*	*Tendência da precipitação anual em cm./100anos*	*Distrito Onde A precipitação está a diminuir significativamente a 95%*	*Tendência da precipitação anual em cm./100anos*
Hardwar	1.37	Chamoli	15.30	Champawat	24.22
		Udham Singh Nagar	12.97	Pithoragarh	21.16
		Rudraprayag	12.48	Bageshwar	20.67
		Garhwal	9.25	Almora	19.01
		Tehri Garhwal	8.53	Nainital	17.60
		Uttarkashi	7.56		
		Dehradun	2.31		

Fonte: Calculado

A leitura do quadro 5.13 revela que, dos 13 distritos, 5 (Champawat, Pithoragarh, Bageshwar, Almora e Nainital) registaram uma diminuição significativa da precipitação, enquanto Hardwar apresentou uma tendência crescente durante o período analisado. A distribuição espacial da precipitação é apresentada na Fig.

5.10.

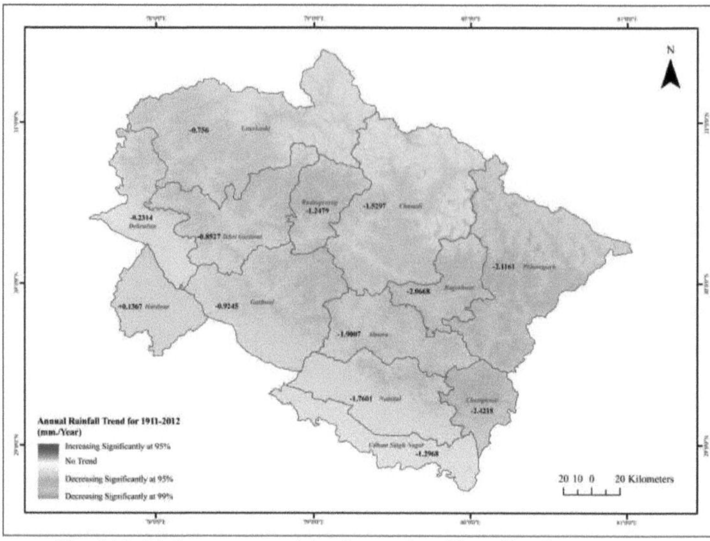

Fig. 5.10: *Mudanças na precipitação anual em Uttarakhand*

A partir deste mapa, pode observar-se que, ao deslocar-se de oeste para leste, a precipitação está a diminuir e que as zonas montanhosas receberam menos precipitação do que as planícies durante o último século.

As alterações sazonais da precipitação são apresentadas no Quadro 5.14. É evidente que a precipitação está a diminuir durante a estação das monções, e mesmo durante a estação pós-monção e o inverno. Verifica-se um ligeiro aumento da precipitação durante o verão.

Tabela 5.14: *Alterações sazonais da precipitação (cm. /100 ano)*

Distrito/Estado	verão	Monção	Pós-monção	inverno
Almora	1.67	-18.31*	-1.024	-1.342
Bageshwar	1.87	-19.54*	-1.385	-1.605
Chamoli	1.81	-14.68	-1.040	-1.391
Champawat	1.58	-23.47*	-1.355	-0.973
Dehradun	1.65*	-03.06	0.046	-0.954
Garhwal	1.52	-09.26	-0.444	-1.065
Hardwar	1.52*	00.51	0.109	-0.776
Nainital	1.51	-17.22*	-0.822	-1.062
Pithoragarh	1.80	-19.65*	-1.675	-1.630

Rudraprayag	1.82	-12.44	-0.736	-1.120
Tehri Garhwal	1.73	-09.06	-0.259	-0.935
Udham Singh Nagar	1.47	-13.04	-0.521	-0.874
Uttarkashi	2.00	-08.66	-0.219	-0.684
Uttarakhand	*1.69*	*-12.91*	*-0.717*	*-1.108*

**. A tendência é significativa a um nível de confiança de 95%.*
Fonte: Calculado

As alterações mensais da precipitação foram resumidas no Quadro 5.15.

Tabela 5.15: *Variação da precipitação mensal (cm./100 anos)*

Distrito/Estado	*Jan*	*Fev*	*Mar*	*abril*	*maio*	*Jun*	*Jul*	*agosto*	*setembro*	*outubro*	*Nov*	*Dez*
Almora	-0.85	-0.31	0.66	-0.10	1.10	-3.29	-5.39	-7.95	-1.68	-1.00	-0.02	-0.19
Bageshwar	-0.95	-0.44	0.82	-0.23	1.28	-3.75	-5.31	-8.16*	-2.33	-1.36	-0.03	-0.21
Chamoli	-0.88	-0.30	0.91	-0.27	1.17	-2.43	-3.40	-6.58	-2.27	-1.00	-0.04	-2.17
Champawat	-0.52	-0.42	0.53	-0.06	1.11	-5.36	-7.03	-9.12*	-1.96	-1.39	0.03	-0.04
Dehradun	-0.80	0.19	0.71	0.14	0.80	-0.41	0.07	-2.17	-0.55	-0.01	0.05	-0.35
Garhwal	-0.75	-0.10	0.62	-0.07	0.98	-1.57	-2.38	-4.61	-0.71	-0.44	0.00	-0.22
Hardwar	-0.57	0.01	0.51	0.08	0.94*	-0.10	1.32	-0.32	-0.39	0.05	0.06	-0.22
Nainital	-0.62	-0.33	0.52	-0.02	1.01	-3.05	-5.30	-7.49	-1.38	-0.83	0.01	-0.11
Pithoragarh	-0.91	-0.52	0.92	-0.40	1.28	-4.20	-5.47	-7.36*	-2.63	-1.67	-0.01	-0.20
Rudraprayag	-0.86	-0.07	0.90	-0.13	1.04	-1.79	-2.96	-5.79	-1.91	-0.73	0.00	-0.19
Tehri Garhwal	-0.85	0.16	0.77	0.09	0.87	-1.11	-2.65	-4.25	-1.06	-0.28	0.03	-0.25

Udham Singh Nagar	-0.49	-0.30	0.42	0.02	1.03*	-2.13	-4.41	-5.66	-0.84	-0.55	0.03	-0.08
Uttarkashi	-0.78	0.29	0.96	0.18	0.86	-0.80	-2.13	-4.12	-1.61	-0.26	0.04	-0.20
Uttarakhand	*-0.76*	*-0.17*	*0.71*	*-0.06*	*1.04*	*-2.31*	*-3.46*	*-5.66*	*-1.49*	*-0.73*	*0.01*	*-0.19*

*. *A tendência é significativa a um nível de confiança de 95%. Fonte: Calculado*

É de salientar que, à exceção de março, maio e novembro, todos os meses registaram uma diminuição da precipitação, sendo esta diminuição máxima durante os meses de julho e agosto. A Fig. 5.11 mostra as alterações mensais de forma mais clara.

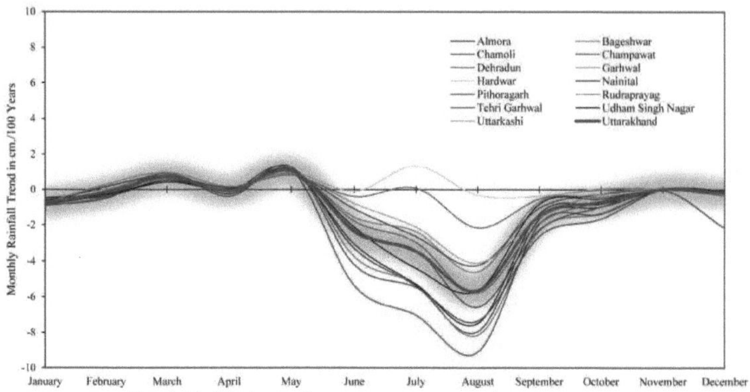

Fig. 5.11: *Variação da precipitação mensal*

É evidente, a partir desta figura (5.11), que a estação tradicional das monções está a mudar. Esta mudança é bastante alarmante. Pode ter um impacto negativo nas culturas.

Anomalia de precipitação

A Fig. 5.12 mostra o padrão de anomalia da precipitação anual em Uttarakhand no último século. Uma fase de anomalia positiva antes da independência é bastante evidente e mostra que, em média, o Estado recebeu mais precipitação do que a média do período de base até à década de 1950. No entanto, a quantidade de precipitação tem vindo a diminuir continuamente

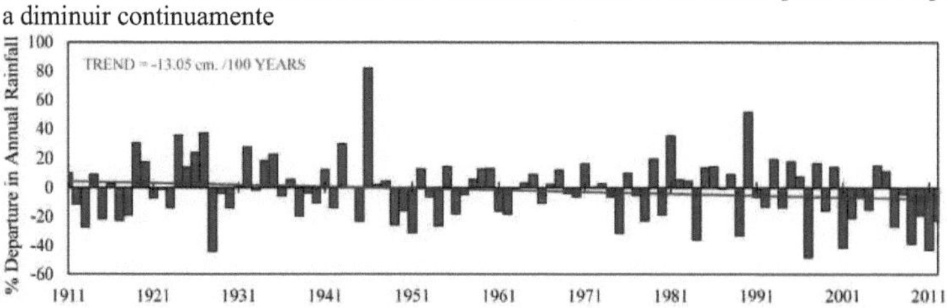

Fig. 5.12: *Anomalia da precipitação anual em Uttarakhand (período de base: 1961-1990)*

Os distritos de Uttarakhand também demonstram a mesma anomalia no padrão. Hardwar, por razões desconhecidas, constitui uma exceção {Fig. 5.13 (I) - (XIII)}.

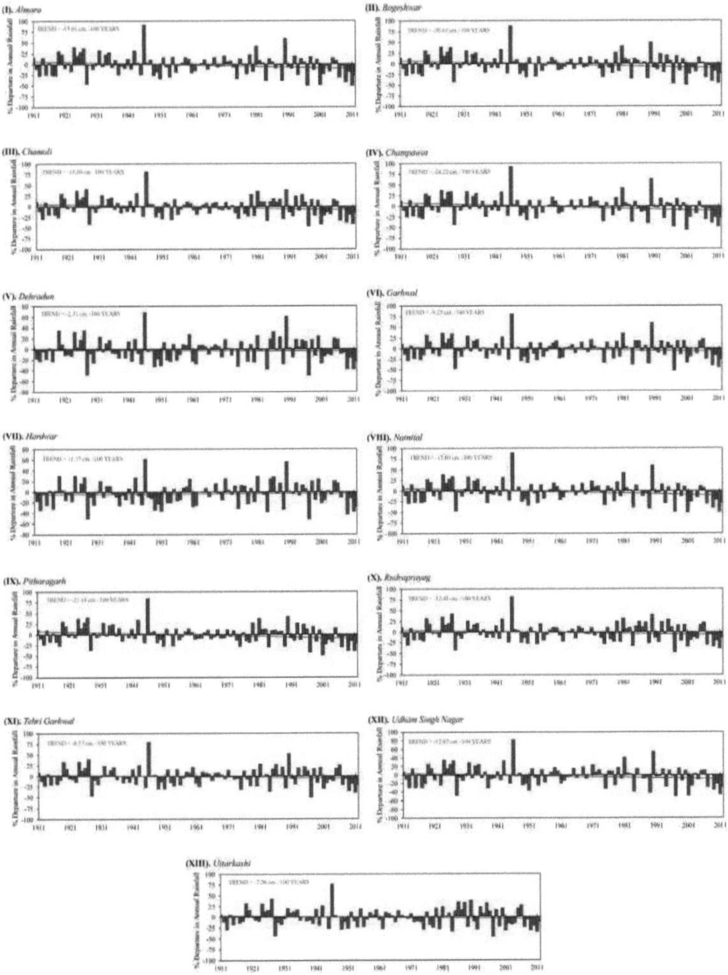

Fig. 5.13: *Anomalia da precipitação anual em percentagem (período de base: 1961 - 1990)*

Relação entre temperatura e precipitação

Uma vez que a temperatura e a precipitação são determinantes críticos do clima e ambos são interdependentes, o grau e a direção da relação entre eles é de grande importância para conhecer as mudanças que estão a ocorrer no clima. A leitura do Quadro 5.16 demonstra amplamente que existe uma correlação negativa significativa entre a temperatura e a precipitação (-0,29). A temperatura está a registar uma tendência crescente, enquanto a precipitação está a diminuir. Não há muita variação regional no padrão e todos os distritos registaram uma forte relação negativa entre estas duas variáveis.

Tabela 5.16: *Correlação entre temperatura e precipitação para 1911-2012*

Ano	*Correlação entre a temperatura média anual e a precipitação anual**
Dehradun	-0.32

Pithoragarh	-0.32
Hardwar	-0.31
Tehri Garhwal	-0.30
Bageshwar	-0.29
Chamoli	-0.29
Champawat	-0.29
Garhwal	-0.29
Almora	-0.28
Rudraprayag	-0.28
Uttarkashi	-0.27
Nainital	-0.26
Udham Singh Nagar	-0.26
Uttarakhand	*-0.29*

**(Todas as correlações são significativas a um nível de confiança de 99%)*
Fonte: Calculado

Esta constatação é ainda corroborada pela análise de regressão (ver Fig. 5.14). Este diagrama de dispersão mostra claramente como os distritos da área de estudo se estão a desviar da média do Estado. Praticamente todos os distritos, exceto Chamoli, Rudraprayag, Udham Singh Nagar, Tehri Garhwal e Garhwal, estão muito longe da média do Estado. Um aspeto que se revela muito claramente é o facto de a maioria dos distritos não seguir o padrão do Estado. Cada distrito tem a sua própria geografia e ecologia, o que explica a variação da temperatura e do padrão de precipitação.

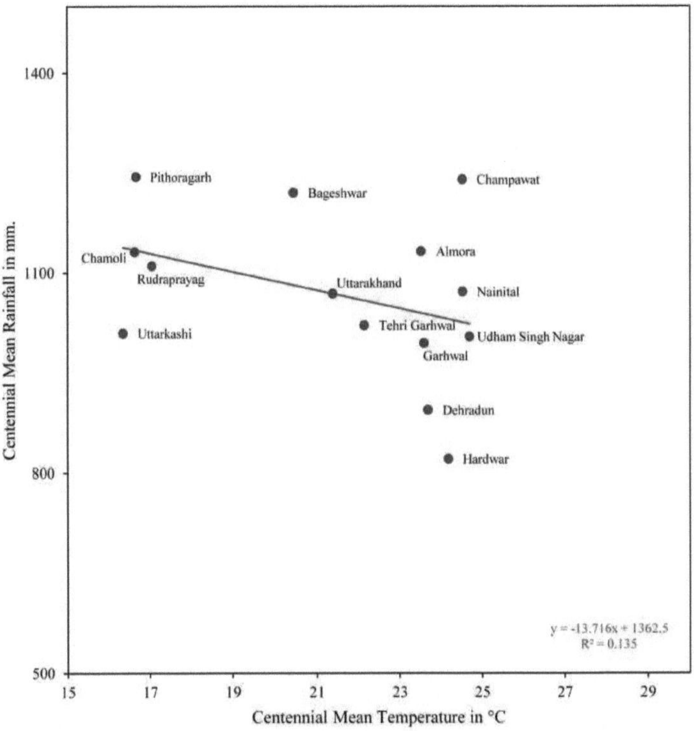

Fig. 5.14: *Relação entre temperatura e precipitação*

De um modo geral, o Estado registou uma alteração significativa da temperatura durante o último século. Embora as temperaturas média, máxima e mínima tenham aumentado significativamente, a amplitude térmica diurna diminuiu. O Estado registou uma diminuição da precipitação nos últimos 102 anos. Mas o nível de confiança é fraco. Tal pode dever-se a um padrão de precipitação muito ruidoso, uma vez que registou um elevado grau de flutuação durante todo o período de análise. No entanto, a nível distrital, verifica-se que a precipitação está a diminuir significativamente. A relação significativa e negativa entre a temperatura e a precipitação no Estado e nos distritos também indica que estão a ocorrer alterações no clima.

Embora as dores da mudança climática possam não ser visíveis nesta fase, o cenário que está a emergir avisa que temos de nos ajustar à mudança ou teremos de encontrar outras medidas adequadas para superar o ataque da mudança climática. A adoção e a atenuação são as únicas vias.

Resumo, Conclusões e Derivados Importantes para a Articulação

O tema da tese é um desafio porque as alterações climáticas são um fenómeno muito complexo e estão intimamente associadas ao mecanismo atmosférico que, por si só, é muito complexo. Também é um facto que os geógrafos não são competentes para lidar com este complexo mecanismo atmosférico, porque não têm formação nem estão equipados para o explicar. No entanto, a trajetória do conhecimento não se limita a uma abordagem monodisciplinar, multidisciplinar ou interdisciplinar. Atualmente, existe um impulso para uma abordagem transdisciplinar. Por conseguinte, é bom compreender a complexidade das alterações climáticas a partir desta perspetiva.

Resumo

As alterações climáticas são um processo que tem sido motivo de preocupação desde há muito tempo e que tem sido objeto de um longo debate desde o século XVII. Vários estudiosos dedicaram a sua atenção à compreensão do clima. Este assunto foi abordado no primeiro capítulo. Este capítulo também se centra nos objectivos gerais, nas principais hipóteses e na metodologia de investigação que foi seguida na elaboração da tese.

Como já foi referido, a mudança climática, que é um fenómeno complexo, ainda não foi devidamente compreendida e diz-se que tanto os factores naturais como os humanos são responsáveis pela mudança do clima. Há vários factores naturais, como as alterações orbitais, a atividade solar, a tectónica de placas, os meteoritos, o vulcanismo e as circulações oceânicas, que são atribuídos como causas para explicar as alterações climáticas. Do mesmo modo, há vários factores relacionados com o homem que se diz serem responsáveis pelas alterações climáticas. Por exemplo, os gases com efeito de estufa e os aerossóis são considerados uma criação do ser humano e diz-se que são responsáveis pelas alterações que se verificam na superfície da Terra, tanto a nível da temperatura como da precipitação. No entanto, os esforços dos académicos não se limitaram apenas a isto. Existem várias teorias e modelos que foram desenvolvidos para explicar a complexidade das alterações climáticas. O segundo capítulo aborda em pormenor este aspeto das alterações climáticas.

Tal como previsto no início, existem limitações no que diz respeito à disponibilidade de dados e os únicos dados disponíveis são os relativos à temperatura e à precipitação. Neste caso específico, o investigador analisou os dados relativos à temperatura e à pluviosidade durante 102 anos para compreender a natureza das mudanças que se têm verificado a nível nacional. Os dados sobre a temperatura e a pluviosidade relativos a cada Estado foram analisados utilizando as técnicas de correlação e regressão para saber até que ponto a temperatura e a pluviosidade estão associadas. Verificou-se que, apesar de ambas serem caraterísticas muito complexas, em média, a temperatura tem vindo a aumentar e a precipitação a diminuir. Assim, existe uma espécie de relação negativa entre a temperatura e a precipitação. Salvo algumas excepções, esta é, de um modo geral, uma realidade. A análise dos dados relativos à precipitação revela um grau de variabilidade muito elevado durante os últimos 102 anos. O grau de variabilidade foi mais acentuado durante a última década. Esta caraterística foi discutida em pormenor no capítulo três.

A análise a nível nacional não revela a realidade e, por conseguinte, foi feita uma tentativa de apresentar a análise a nível micro. Para o efeito, o Estado de Uttarakhand foi selecionado como um caso concreto. A razão pela qual Uttarakhand foi selecionado é o facto de ser um Estado muito vulnerável e sensível em termos de fisiografia e clima. A parte norte deste Estado caracteriza-se por um terreno montanhoso, enquanto a parte sul é marcada pela presença de uma planície. Para além disso, esta é a nascente de muitos rios que correm na parte norte do país. Esta é também caracterizada por alguns picos muito altos da nação. Por conseguinte, pensou-se que os pormenores geográficos deste Estado deveriam ser discutidos em pormenor. O capítulo quatro é dedicado à discussão dos diferentes tipos de factores geográficos que estão na base deste Estado. Para além disso, as caraterísticas da população, o estado da floresta e o padrão de utilização da terra também foram discutidos neste capítulo. O capítulo quatro constitui a plataforma para a análise dos dados no capítulo cinco. Os dados referem-se à temperatura e à precipitação. A análise das temperaturas média, máxima e mínima e da amplitude térmica diurna revela que a temperatura está a registar lentamente uma tendência crescente. Esta pode não ser muito pronunciada. No entanto, a tendência de mudança existe e é de sentido positivo. Tal como a temperatura, a pluviosidade também regista uma mudança na sua tendência. Ao contrário da temperatura, a precipitação está praticamente a diminuir. As zonas marcadas por temperaturas elevadas caracterizam-se igualmente por uma baixa precipitação, com muito poucas e insignificantes excepções. Outra constatação importante é o facto de a diferença entre a temperatura máxima e a temperatura mínima ter diminuído.

O presente capítulo analisa em pormenor as alterações que estão a ocorrer no clima a nível nacional e local e investiga os factores que estão a provocar essas alterações. Há opiniões de que as actividades humanas são responsáveis pelas alterações climáticas actuais. No entanto, todos sabemos que o clima tem mudado ao longo da história da Terra e, sem dúvida, continuará a mudar. O tema da tese *Alterações climáticas: mito ou realidade* não questiona, portanto, esta ciclicidade natural, mas aborda o forçamento linear que as actividades humanas estão a acrescentar ao sistema climático cíclico. Pensa-se que este forçamento linear antropogénico produz alterações lineares no clima que podem dar origem a um novo cenário climático - menos natural e menos cíclico. No entanto, o clima é um sistema homeostático e resiste a alterações devidas a qualquer perturbação externa através dos seus numerosos feedbacks. Há quem pense que as alterações induzidas pelo homem são tão pequenas que não podem provocar uma mudança significativa num sistema tão robusto. Há pontos de vista e contra-pontos de vista. Mas, em geral, o debate sobre as alterações climáticas gira em torno de três pressupostos básicos: a temperatura está a aumentar; a precipitação está a diminuir e o homem está a provocar estas alterações. Começando com a ideia de que, *se a influência humana está a funcionar, então as tendências emergentes mostrarão um desvio ou afastamento das forças naturais e sincronizar-se-ão de outra forma*, o presente capítulo testa a validade destes três pressupostos através das hipóteses A, B e C.

Hipótese A: A temperatura durante o último século não só mudou, como aumentou.

As análises a nível nacional, estatal e mesmo distrital mostram que a temperatura aumentou significativamente durante o último século, o que é evidente nas Figs. 3.1, 3.2, 5.1 e 5.2. Não só as temperaturas médias, mas também as temperaturas máximas e mínimas registaram um aumento notável, o que pode ser avaliado nos quadros 5.4 e 5.7 e nas figuras 5.4 e 5.5. No entanto, é de salientar que a temperatura mínima registou um aumento maior do que a máxima e, por conseguinte, a diferença entre as temperaturas máxima e mínima foi reduzida, o que é claramente demonstrado no Quadro 5.10. A Tabela 6.1 apresenta um resumo da análise da tendência da temperatura.

Tabela 6.1: *Mudanças de temperatura na Índia*

Estados da Índia	*Tendência da temperatura em °C/100 anos*	*Distritos de Uttarakhand*	*Tendência da temperatura em °C/100 anos*
Telangana	+1.13**	Pithoragarh	+0.58**
Andhra Pradesh	+0.87**	Chamoli	+0.54**
Puducherry	+0.79**	Rudraprayag	+0.53**
Pradesh do Arunachal	+0.71**	Bageshwar	+0.52**
Karnataka	+0.71**	Uttarkashi	+0.51**
Assam	+0.70**	Champawat	+0.49**
Tamil Nadu	+0.68**	Almora	+0.46**
Goa	+0.67**	Nainital	+0.44**
Maharashtra	+0.67**	Tehri Garhwal	+0.43**

Nagaland	+0.66**	Udham Singh Nagar	+0.42**
Kerala	+0.64**	Garhwal	+0.41*
Chhattisgarh	+0.63**	Dehradun	+0.37*
Sikkim	+0.63**	Hardwar	+0.34*
Madhya Pradesh	+0.60**	*Uttarakhand*	*+0.46***
Gujrat	+0.58**		
Manipur	+0.56**		
Meghalaya	+0.55**		
Jammu e Caxemira	+0.54**		
Bengala Ocidental	+0.54**		
Mizoram	+0.50**		
Tripura	+0.50**		
Andaman e Nicobar	+0.49**		
Dadra e Nagar Haveli	+0.49**		
Damão e Diu	+0.49**		
Lakshadweep	+0.49**		
Jharkhand	+0.48**		
Odisha	+0.48**		

Bihar	+0.47**		
Uttarakhand	+0.46**		
Himachal Pradesh	+0.44**		
Uttar Pradesh	+0.40**		
Rajastão	+0.33*		
Chandigarh	+0.32		
NCT de Deli	+0.30		
Punjab	+0.23		
Haryana	+0.22		
Índia	*+0.54***		

**. *A tendência é significativa a um nível de confiança de 99%.*
*. *A tendência é significativa a um nível de confiança de 95%. Fonte: Calculado*

Este quadro (6.1) mostra que, a nível estatal (Índia) e distrital (Uttarakhand), a temperatura média ao longo do último século não só aumentou, como também foi estatisticamente significativa. Há apenas quatro Estados onde não é significativa, nomeadamente Haryana, Punjab, NCT of Delhi e Chandigarh. Mas a análise a nível distrital em Uttarakhand mostra que o aumento médio é significativo em todos os distritos.
Assim, a hipótese nula de que *a temperatura durante o último século não registou qualquer alteração* é rejeitada em apoio da hipótese de investigação A.
Hipótese B: Existe uma tendência para a diminuição da precipitação com o aumento da temperatura.
Esta hipótese inclui dois pressupostos: (i) existe uma tendência decrescente na precipitação; e (ii) a precipitação está a diminuir com o aumento da temperatura.
A análise da pluviosidade efectuada a nível nacional, estatal e distrital mostra um resultado misto. Enquanto a nível nacional se regista uma tendência decrescente da precipitação, esta varia muito entre os Estados. As Fig. 3.6 e 5.12 mostram a distribuição espacial da precipitação a nível estatal para a Índia e a nível distrital para Uttarakhand. Isto mostra claramente que não existe um padrão definido de mudança na precipitação. Enquanto o NCT de Deli registou um aumento de 16,10 cm de precipitação nos últimos 100 anos, o Estado de Bihar registou uma diminuição de 19,69 cm durante o mesmo período. A alteração da precipitação que está a ocorrer em várias escalas espaciais foi resumida no Quadro 6.2.

Quadro 6.2: *Alterações da precipitação na Índia*

Estados da Índia	*Tendência da precipitação em cm./100 anos*	*Distritos de Uttarakhand*	*Tendência da precipitação em cm./100 anos*
NCT de Deli	+16.10**	Hardwar	+ 1.37
Jammu e Caxemira	+15.27*	Dehradun	-2.31
Telangana	+12.07*	Uttarkashi	-7.56
Punjab	+11.24**	Tehri Garhwal	-8.53
Haryana	+10.62*	Garhwal	-9.25
Andhra Pradesh	+9.54*	Rudraprayag	-12.48
Dadra e Nagar Haveli	+8.39	Udham Singh Nagar	-12.97
Puducherry	+7.88	Chamoli	-15.30
Chandigarh	+7.72	Nainital	-17.60*
Himachal Pradesh	+4.56	Almora	-19.01*
Rajastão	+2.79	Bageshwar	-20.67*
Andaman e Nicobar	+2.71	Pithoragarh	-21.16*
Lakshadweep	+2.71	Champawat	-24.22*
Tamil Nadu	+2.71	*Uttarakhand*	*-13.05*
Bengala Ocidental	+2.13		
Kerala	+1.29		
Goa	+1.10		

Maharashtra	+1.10		
Odisha	-0.42		
Damão e Diu	-1.30		
Gujrat	-1.30		
Madhya Pradesh	-2.98		
Meghalaya	-2.99		
Karnataka	-3.24		
Pradesh do Arunachal	-5.71		
Uttar Pradesh	-6.65		
Assam	-6.71		
Mizoram	-8.87		
Tripura	-11.93		
Chhattisgarh	-12.28*		
Sikkim	-12.53		
Uttarakhand	-13.05		
Jharkhand	-13.61		
Manipur	-14.80		
Nagaland	-15.44		
Bihar	-19.69**		

Índia	*-0.93*		

2 *. *A tendência é significativa a um nível de confiança de 99%.*
3 . *A tendência é significativa a um nível de confiança de 95%.*
Fonte: Calculado

A partir deste quadro (6.2), é evidente que 50% dos Estados registaram uma tendência decrescente a nível nacional e, no caso de Uttarakhand, 12 dos 13 distritos registaram uma tendência decrescente da precipitação no século passado.

Devido a estes resultados com duas caudas, não se pode tirar nenhuma conclusão categórica sobre as alterações da precipitação e, por conseguinte, a hipótese nula de que *não há tendência na precipitação* só pode ser rejeitada parcialmente a favor da hipótese alternativa {B (i)} de que *há uma tendência decrescente na precipitação.*

A hipótese {B (ii)} de que *a precipitação está a diminuir com o aumento da temperatura* testa a relação entre a temperatura e a precipitação. O volume de chuva depende da quantidade de vapor de água na atmosfera e pensa-se que o aumento da temperatura à superfície aumenta a evaporação e, consequentemente, o teor de vapor de água na atmosfera. No entanto, com o aumento da temperatura, a capacidade atmosférica de reter o vapor de água também aumenta. Consequentemente, é de esperar menos precipitação.

A Fig. 6.1 (I e II) mostra o comportamento da precipitação com o aumento da temperatura, considerando o caso da Índia e de Uttarakhand. Isto demonstra claramente que, com o aumento da temperatura, a precipitação está a diminuir. Esta conclusão é também corroborada pelas Figs. 3.9 e 5.16.

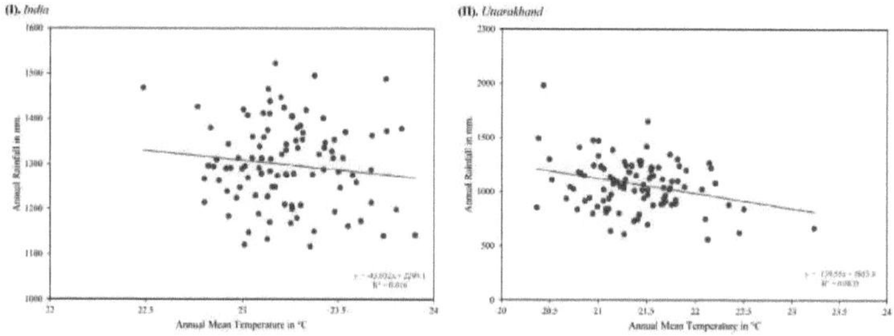

Fig. 6.1: *Relação entre temperatura e precipitação para a Índia e Uttarakhand*

O Quadro 6.3 apresenta a correlação entre a temperatura e a precipitação para os Estados indianos e também para os distritos de Uttarakhand. É evidente que esta correlação é negativa na maioria dos casos. No entanto, há algumas excepções, como Tripura, Tamil Nadu, Puducherry, Andaman e Nicobar e Lakshadweep, mas as correlações positivas que apresentam são bastante insignificantes.

Tabela 6.3: *Relação entre temperatura e precipitação*

Estados da Índia	*Correlação entre a temperatura média anual e a precipitação anual*	*Distritos de Uttarakhand*	*Correlação entre a média anual Temperatura e precipitação anual*
Tripura	0.01	Nainital	-0.26**
Tamil Nadu	0.05	Udham Singh Nagar	-0.26**
Puducherry	0.10	Uttarkashi	-0.27**

Andaman e Nicobar	0.13	Almora	-0.28**
Lakshadweep	0.13	Rudraprayag	-0.28**
Kerala	-0.03	Bageshwar	-0.29**
Andhra Pradesh	-0.04	Chamoli	-0.29**
Sikkim	-0.05	Champawat	-0.29**
Pradesh do Arunachal	-0.07	Garhwal	-0.29**
Manipur	-0.11	Tehri Garhwal	-0.30**
Telangana	-0.11	Hardwar	-0.31**
Mizoram	-0.12	Dehradun	-0.32**
Dadra e Nagar Haveli	-0.15	Pithoragarh	-0.32**
Jammu e Caxemira	-0.16	*Uttarakhand*	*-0.29***
Karnataka	-0.16		
Nagaland	-0.18		
Assam	-0.18		
Meghalaya	-0.20*		

Himachal Pradesh	-0.23*		
Damão e Diu	-0.25*		
Odisha	-0.28**		
Goa	-0.29**		
Maharashtra	-0.29**		
Uttarakhand	-0.29**		
Bengala Ocidental	-0.29**		
Uttar Pradesh	-0.30**		
Gujrat	-0.33**		
Chandigarh	-0.33**		
NCT de Deli	-0.35**		
Bihar	-0.36**		
Punjab	-0.37**		
Madhya Pradesh	-0.40**		
Haryana	-0.42**		

Chhattisgarh	-0.45**		
Jharkhand	-0.45**		
Rajastão	-0.50**		
Índia	*-0.13*		

***. A tendência é significativa a um nível de confiança de 99%.*
**. A tendência é significativa a um nível de confiança de 95%.*
Fonte: Calculado

A partir dos resultados acima apresentados, é evidente que a temperatura e a precipitação estão negativamente correlacionadas até um grau notável. No entanto, existem também algumas excepções (insignificantes). Por conseguinte, a hipótese nula de que *não há diminuição da precipitação com o aumento da temperatura* é rejeitada parcialmente a favor da hipótese de investigação B (ii).

Somando B (i) e B (ii), a análise, portanto, rejeita apenas parcialmente a hipótese nula de que *não existe uma tendência decrescente da precipitação com o aumento da temperatura*, em apoio da hipótese de investigação B. É indicativo do facto de ser necessária uma investigação mais aprofundada para confirmar a natureza da relação que existe entre a precipitação e a temperatura.

Hipótese C: As tendências emergentes da temperatura e da precipitação estão intimamente ligadas às actividades humanas.

O clima muda naturalmente a uma escala de tempo longa devido a alterações nos ciclos de milankovitch e na tectónica de placas. No entanto, as forças de curto prazo, como o ciclo das manchas solares, o vulcanismo e o El Niño, também actuam ao mesmo tempo, provocando alterações rápidas no clima. No entanto, para além destas alterações naturais, diz-se que as actividades humanas também estão a alterar o clima. Os seres humanos afectam o clima de duas formas: alterando a composição dos gases atmosféricos e dos aerossóis e alterando o padrão de utilização dos solos. Pensa-se que a queima de combustíveis fósseis nas indústrias e nos veículos e as actividades como a exploração mineira estão a aumentar o nível de gases com efeito de estufa e também o teor de aerossóis na atmosfera. Supõe-se igualmente que as actividades de desflorestação e urbanização estão a alterar o albedo da superfície e, por conseguinte, o clima, alterando o balanço energético da Terra. A hipótese C investiga a associação entre estas forçantes naturais e as chamadas forçantes humanas e os padrões de temperatura e precipitação durante o último século.

Os centros urbanos e as indústrias são uma grande manifestação de actividades humanas intensivas e, se os seres humanos estão a provocar alterações no clima, deve haver uma boa associação entre estas actividades e as tendências climáticas. Vários estudos sugerem que os centros urbanos, industriais e mineiros aumentam a temperatura da superfície (reforçando o efeito de estufa e alterando o albedo) e afectam igualmente o volume da chuva através da mistura das partículas de aerossol e do envio de mais vapor de água para a baixa atmosfera (Chung et al., 2004; De e Prakasa Rao, 2004; Gadgil e Dhorde, 2005; Kumar et al., 2005; Dash e Hunt, 2007; Dhorde e Gadgil, 2009; Sajjad et al., 2009).

Fig. 6.2 {(I) & (II)} mostra a associação entre urbanização e temperatura. É claramente visível que, embora em todas as escalas, a temperatura tenha aumentado durante o último século, esta alteração não é elevada nas zonas altamente urbanizadas.

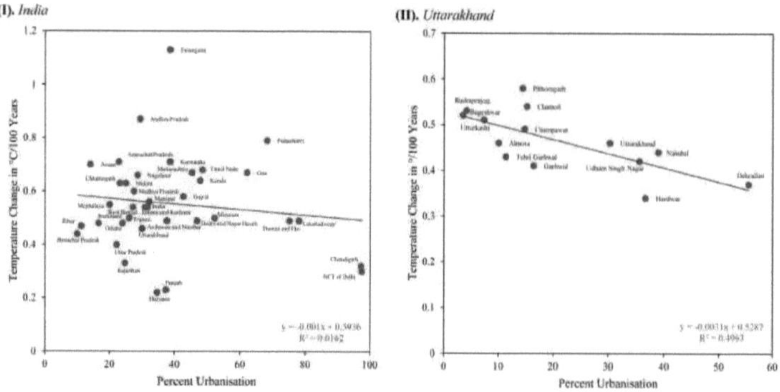

Fig. 6.2: *Relação entre urbanização e mudanças de temperatura*

A Fig. 6.3 {(I) & (II)}, que mostra a relação entre a urbanização e as alterações da pluviosidade, salienta que as zonas menos urbanizadas registam uma tendência para o declínio da pluviosidade, enquanto as zonas mais urbanizadas estão a receber mais pluviosidade.

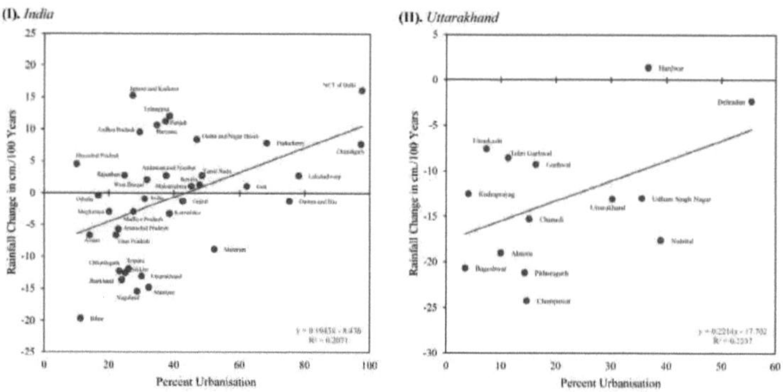

Fig. 6.3 *Relação entre urbanização e alterações na precipitação*

Ambos os resultados indicam que a urbanização tem definitivamente alguma associação com as alterações de temperatura e precipitação. No entanto, parece um pouco confuso o facto de as zonas menos urbanizadas estarem a registar um maior aumento da temperatura do que as zonas mais urbanizadas. É, no entanto, digno de nota o facto de as zonas urbanas serem fontes pontuais de calor. Ao aquecerem a sua envolvente, o gradiente de pressão altera-se. Por conseguinte, estas zonas de baixa pressão atraem o ar húmido com mais força do que o normal. A segunda alteração importante que estas áreas fazem é aumentar a taxa de evaporação. E esta humidade crescente produz agora um efeito de arrefecimento. Esta é a causa básica da fragmentação do tempo a que assistimos atualmente. Este facto indica claramente o papel do homem nesta mudança. As Figs. 6.4 e 6.5 mostram os centros das principais actividades antropogénicas e as alterações de temperatura e precipitação no país.

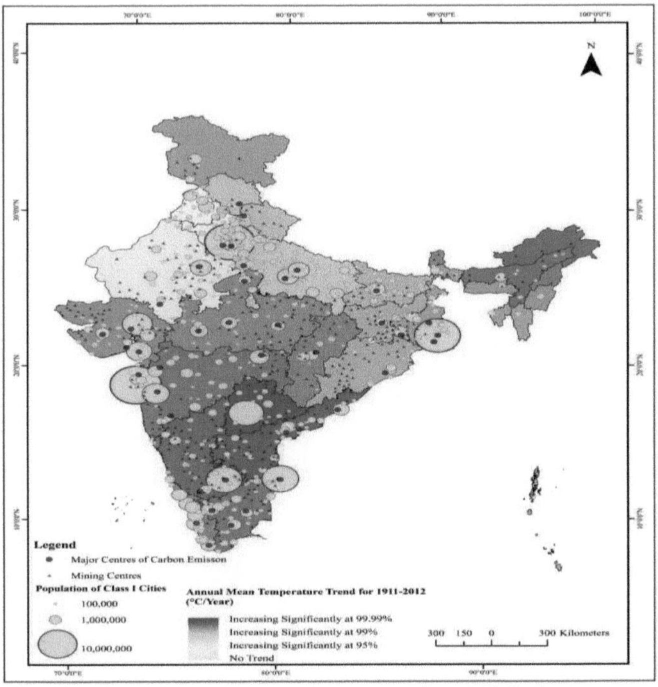

Fig. 6.4: *Alterações de temperatura e os principais centros de actividades humanas*

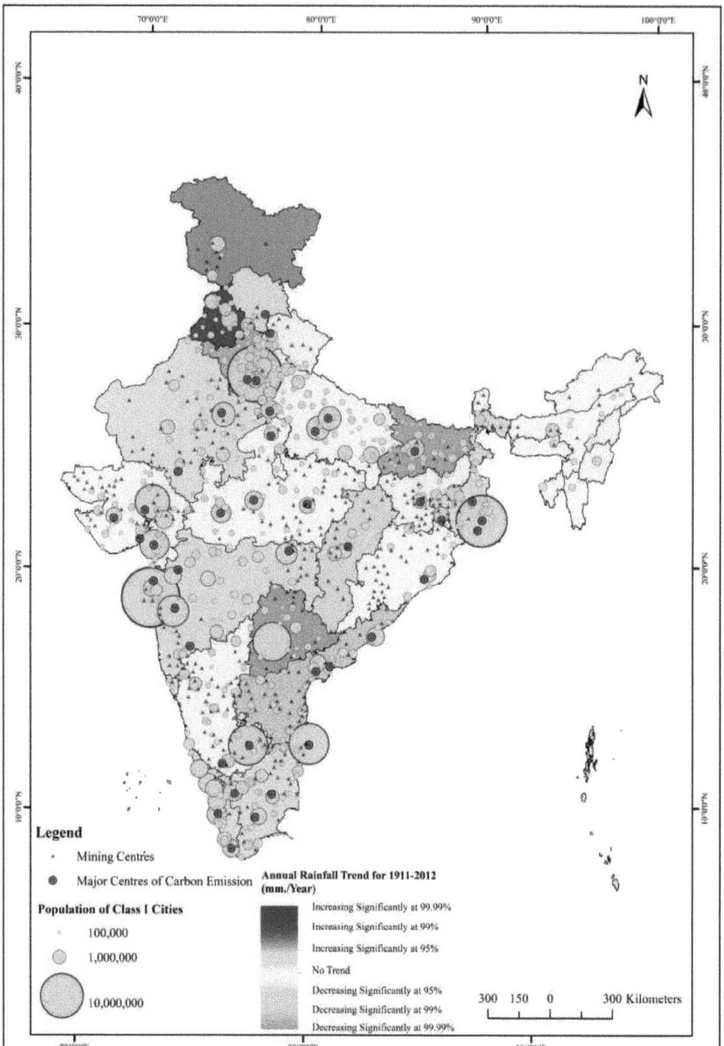

Fig. 6.5: *Alterações da precipitação e os principais centros de actividades humanas*

Estes números (6.4 e 6.5) mostram que os centros das principais actividades antropogénicas, se vistos em conjunto, fornecem uma boa explicação para as tendências emergentes. Os estados dos Himalaias são mais resistentes às alterações climáticas do que as outras partes do país. É importante notar que, embora estas zonas sejam menos urbanizadas e pouco industrializadas, registaram um aumento significativo da temperatura e uma tendência negativa da precipitação. Isto deve-se ao facto de as suas condições climáticas serem menos estáveis do que as das zonas planas e, por conseguinte, basta uma pequena alteração para que registem uma grande mudança.

Entre todas as actividades humanas, a exploração mineira representa um grande desafio para a estabilidade ecológica e o bem-estar climático. As zonas mineiras são afectadas pela desflorestação em grande escala e pelo stress ambiental. As toneladas de poeiras e partículas minerais emitidas nas imediações perturbam o perfil de insolação regional. Estas partículas de poeira fornecem a superfície para a condensação do vapor de água e, por conseguinte, afectam também o padrão de precipitação. Os Estados de Odisha, Rajasthan, Jharkhand,

Chhattisgarh, Gujarat e Madhya Pradesh, que contribuem com cerca de 45% da produção mineral do país (Ministério das Minas, 2011), estão a mostrar uma tendência significativa para o aquecimento. O aquecimento é mais proeminente nos Estados de Andhra Pradesh, Telangana, Karnataka e Assam, que partilham cerca de 15% da produção mineral da Índia. Andhra Pradesh, Telangana e Rajasthan são os estados onde se pratica a extração mineira a céu aberto em grande escala, tendo estes estados registado um aumento significativo da precipitação.

Fig. 6.4 6.4 demonstram que os principais centros de emissão de carbono na Índia se situam maioritariamente nos Estados que registam um aquecimento muito significativo. Os estados costeiros densamente povoados também estão a mostrar uma tendência de aquecimento notável.

Estes factores mostram uma boa associação com o perfil de temperatura do país e também com o perfil de precipitação. No entanto, a nível local, estas associações parecem bastante fracas. As Fig. 6.6 e 6.7 mostram um perfil misto da temperatura e da precipitação com a configuração urbana e industrial de Uttarakhand.

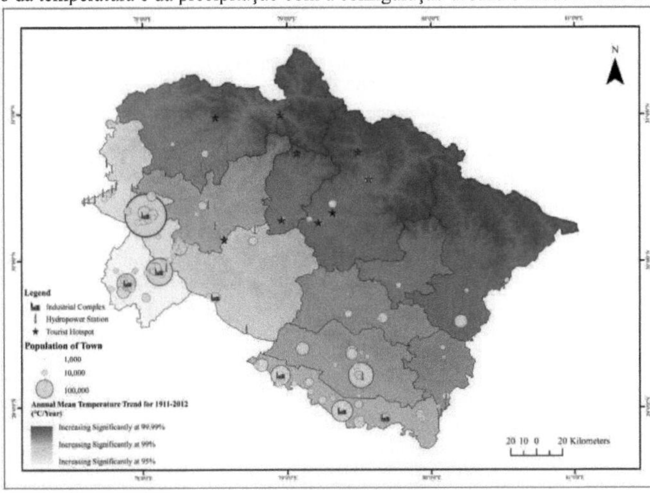

Fig. 6.6: *Mudanças de temperatura e os centros das principais actividades humanas em Uttarakhand*

É bastante interessante notar que a parte norte do Estado está a assistir a um aquecimento muito significativo e que tem um nível de urbanização muito baixo e quase não está industrializada, enquanto que, em comparação, a parte sul do Estado, que tem um bom conteúdo urbano e uma instalação industrial pesada, está a aquecer a um ritmo mais lento. Todo o Estado regista uma tendência para o declínio da precipitação, exceto Hardwar, que registou uma ligeira tendência para o aumento, apesar de possuir uma boa infraestrutura industrial.

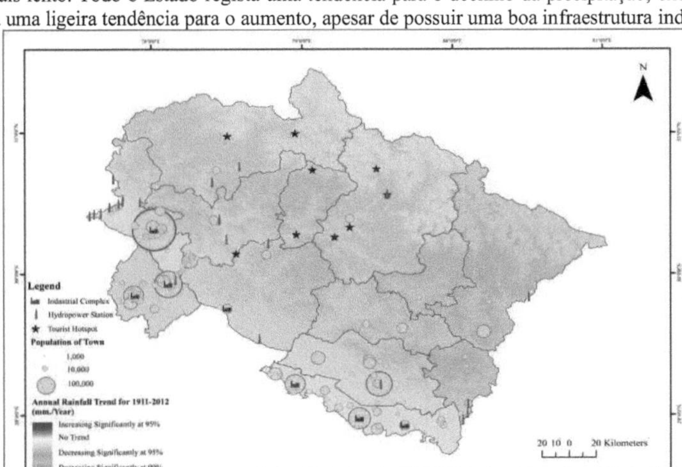

Fig. 6.7: *Alterações da precipitação e os centros das principais actividades humanas em Uttarakhand*

Um facto a assinalar é que o Estado recebe um grande número de turistas todos os anos. O maior afluxo de turistas vem para os quatro centros de peregrinação - Gangotri, Yamunotri, Kedarnath e Badrinath. Estes centros estão situados nos distritos montanhosos do Estado (Yamunotri e Gangotri em Uttarkashi, Kedarnath em Rudraprayag e Badrinath nos distritos de Chamoli). Estes três distritos mostraram uma tendência de aquecimento muito significativa durante o último século e este aquecimento pode ser atribuído à poluição veicular devido ao aumento do afluxo de turistas. No entanto, como sempre, há uma exceção. Pithoragarh, que é um distrito montanhoso, constitui um obstáculo à previsão da poluição veicular como fator determinante desta tendência de aquecimento. No entanto, o aquecimento mais acentuado destes três principais distritos turísticos indica uma possível associação entre o clima e a poluição veicular.

A desflorestação é outra atividade humana que, supostamente, tem algum impacto no clima. O coberto vegetal modera o perfil climático de uma região e apoia a sustentabilidade regional, uma vez que desempenha um papel fundamental nos ciclos hidrológico e do carbono. As alterações do coberto vegetal modificam o albedo e provocam uma imparidade espacial nos padrões de precipitação e temperatura (Charney, 1975; Gupta et al., 2005; Pal et al., 2001). A desflorestação extensiva reduz frequentemente a formação de nuvens e a precipitação, e acentua a sazonalidade (Bonan, 2008; Fu et al. 2002; Gianni et al. 2003; Malhi e Wright 2005). No entanto, no presente caso, é difícil atribuir a variabilidade da temperatura e da precipitação diretamente ao rácio terra-floresta. Os estados de Karnataka, Tamil Nadu e Andhra Pradesh, com 18,87%, 18,16% e 16,86% da sua área coberta por floresta, estão a assistir a um aumento muito significativo da temperatura. Por outro lado, os estados de Arunachal Pradesh (80,50 por cento), Nagaland (80,33 por cento) e Manipur (76,54 por cento), que possuem a maior percentagem de área florestal (Forest Survey of India, 2011), também estão a registar uma tendência de aquecimento notável. A relação entre a desflorestação e as tendências de temperatura e pluviosidade também não é muito clara no caso de Uttarakhand, uma vez que os distritos de Dehradun e Hardwar - que testemunharam a maior remoção de floresta no estado durante a última década (Tabela 4.3) - estão no degrau mais baixo da tabela de aquecimento de Uttarakhand. É interessante notar que Hardwar registou mesmo um aumento da precipitação.

A análise acima mostra a associação das actividades humanas com as mudanças de temperatura e de precipitação, e é evidente que as mãos humanas estão envolvidas na modelação do clima de uma nova forma. Os padrões de temperatura e de precipitação não são uniformes no espaço, e estas variações espaciais são suficientes para provar que estão também em ação outras forças para além das forças naturais. No entanto, é útil ver aqui também a covariância da temperatura e da precipitação com as forças naturais.

Os factores naturais que afectam o clima são as alterações na órbita, a tectónica de placas, os meteoritos, o vulcanismo, as manchas solares e a circulação oceânica. As alterações orbitais e a tectónica de placas funcionam a uma escala temporal longa, pelo que não podem ser testadas aqui. Não se registou qualquer ocorrência significativa de impactos meteoríticos e de vulcanismo na Índia durante o último século. Assim, o estudo analisa apenas as alterações das manchas solares e os fenómenos El Nino para concluir o debate.

As manchas solares têm um diâmetro de cerca de 37.000 km e aparecem como manchas escuras na fotosfera, a camada mais externa do Sol. A temperatura no interior das manchas solares é de cerca de 4.600^{O} K (Friis-Christensen e Lassen, 1991). Existe um forte campo magnético radial dentro de uma mancha solar, e a direção do campo inverte-se em anos alternados dentro das manchas solares principais de um grupo. Durante os períodos de maior atividade magnética solar, os campos electromagnéticos mais fortes associados ao vento solar impedem que os raios cósmicos galácticos entrem no sistema solar interior, resultando na produção de menos núcleos de condensação de nuvens. Isto resulta na criação de menos nuvens de baixo nível e menos reflectoras, aumentando ainda mais as temperaturas do ar próximo da superfície e gerando, assim, um efeito de aquecimento (Carslaw, Harrizon e Kirkby, 2002; Svensmark e Friis-Christensen, 1997). Estas observações sugerem, por conseguinte, que o aumento do número de manchas solares fará aumentar a temperatura. A Tabela 6.4 mostra a correlação entre a temperatura média anual, a precipitação anual e o número médio anual de manchas solares durante um período de 102 anos (1911-2012).

Tabela 6.4: Correlações entre o número de manchas solares e a temperatura e precipitação

Estado	*Correlação entre o número de manchas solares e a temperatura*	*Distrito*	*Correlação entre o número de manchas solares e a temperatura*	*Estado*	*Correlação entre o número de manchas solares e a precipitação*	*Distrito*	*Correlação entre o número de manchas solares e a precipitação*

Sikkim	0.28**	Dehradun	0.10	Odisha	0.20*	Dehradun	-0.03
Odisha	0.25*	Hardwar	0.10	Chhattisgarh	0.14	Hardwar	-0.04
Nagaland	0.25*	Tehri Garhwal	0.09	Telangana	0.12	Champawat	-0.05
Arunachal	0.24*	Garhwal	0.08	Andhra	0.11	Udham	-0.05
Pradesh				Pradesh		Singh Nagar	
Bengala Ocidental	0.23*	Uttarkashi	0.06	Sikkim	0.08	Garhwal	-0.06
Jharkhand	0.22*	Almora	0.06	Arunachal Pradesh	0.06	Nainital	-0.06
Assam	0.22*	Udham Singh	0.05	Uttar Pradesh	0.06	Tehri	-0.07
		Nagar				Garhwal	
Bihar	0.20*	Nainital	0.05	Nagaland	0.04	Almora	-0.07
Manipur	0.18	Champawat	0.05	Assam	0.04	Bageshwar	-0.09
Punjab	0.17	Rudraprayag	0.05	Madhya Pradesh	0.04	Rudraprayag	-0.09
Andhra Pradesh	0.17	Bageshwar	0.04	Tripura	0.04	Uttarkashi	-0.09
Tripura	0.16	Pithoragarh	0.04	Jharkhand	0.04	Pithoragarh	-0.10
Mizoram	0.15	Chamoli	0.03	Bengala Ocidental	0.03	Chamoli	-0.10

Chandigarh	0.14	*Uttarakhand*	*0.06*	Goa	0.03	*Uttarakhand*	*-0.07*
Jammu e	0.14			Maharashtra	0.03		
Caxemira Himachal Pradesh	0.13			Manipur	0.02		
Meghalaya	0.11			Kerala	0.02		
Telangana	0.11			Punjab	0.01		
Puducherry	0.11			Chandigarh	0.01		
Haryana	0.10			Damão e Diu	0.00		
Chhattisgarh	0.10			Gujrat	0.00		
NCT de Deli	0.10			Jammu e Caxemira	-0.01		
Lakshadweep	0.10			Bihar	-0.01		
Damão e	0.10			Dadra e	-0.01		
Diu				Nagar Haveli			
Dadra e	0.10			Meghalaya	-0.02		
Nagar Haveli Andamão e	0.10			Karnataka	-0.06		
Nicobar Maharashtra	0.09			Rajastão	-0.06		

Goa	0.09			Himachal Pradesh	-0.07		
Uttarakhand	0.06			Uttarakhand	-0.07		
Karnataka	0.06			Haryana	-0.07		
Tamil Nadu	0.05			Mizoram	-0.08		
Uttar Pradesh	0.05			Puducherry	-0.10		
Kerala	0.03			NCT de Deli	-0.11		
Gujrat	0.03			Andamão e Nicobar	-0.17		
Madhya Pradesh	0.02			Lakshadwee p	-0.17		
Rajastão	0.01			Tamil Nadu	-0.17		
Índia	*0.17*			*Índia*	*0.00*		

*2 *. A tendência é significativa a um nível de confiança de 99%.*
3 . A tendência é significativa a um nível de confiança de 95%.
Fonte de dados para o número de manchas solares: Centro Mundial de Dados, Observatório Real da Bélgica, Bruxelas. Fonte: Calculado

A tabela (6.4) apresenta resultados muito impressionantes. Todas as correlações entre o número de manchas solares e a temperatura são positivas, enquanto 8 Estados - Sikkim, Odisha, Nagaland, Arunachal Pradesh, Bengala Ocidental, Jharkhand, Assam e Bihar - registaram uma relação positiva significativa. Isto mostra que as tendências da temperatura continuam a ser regidas pela radiação solar recebida. No entanto, todos os resultados não são significativos. Uma causa plausível pode ser o facto de esta diferença de tendências de aquecimento ser o produto de variações geográficas. Os dois principais factores de mudança são, portanto, a insolação e a refletividade da superfície ou o albedo. Por exemplo, a mesma quantidade de insolação produzirá mais aquecimento numa superfície mais escura ou plana e menos numa superfície clara ou ondulada. Isto dá uma explicação clara para todos os padrões de temperatura do país. No Rajastão, há uma grande área de deserto que reflecte mais energia e, por isso, não é tão quente como em Andhra Pradesh, Telangana ou nos estados do Nordeste, que são marcados por uma superfície coberta de vegetação.

O estado de Punjab é conhecido pelos seus campos verdes. No entanto, devido ao seu grande volume de irrigação, existe um efeito de arrefecimento parcial no Estado, uma vez que a temperatura naturalmente elevada gasta a sua energia na evaporação das águas dos campos. O Estado de Haryana, juntamente com Chandigarh e o NCT de Deli, está sujeito ao efeito de arrefecimento parcial das ilhas de calor urbanas. Este facto é também corroborado pelas tendências da precipitação, uma vez que estes estados receberam mais precipitação devido ao aumento do teor de vapor de água na sua atmosfera local. No entanto, isto é um aviso! Estes Estados poderão

registar chuvas torrenciais instantâneas nos próximos anos.
Este "efeito de arrefecimento parcial das ilhas de calor urbanas" também está a funcionar no caso de Kerala e o Estado registou uma tendência de aquecimento inferior à dos seus estados vizinhos. No entanto, a tendência centenária da temperatura no estado continua a ser elevada, mas é notório que as grandes ilhas urbanas do estado não são muito antigas e surgiram muito recentemente.
A relação entre o número de manchas solares e a precipitação não é muito clara. No entanto, devido à baixa formação de nuvens durante o aumento da atividade das manchas solares, pode sugerir-se que a precipitação pode diminuir. A correlação entre o número de manchas solares e a precipitação apoia parcialmente esta ideia.
A Tabela 6.4 mostra que todos os distritos de Uttarakhand e quase metade dos Estados do país apresentam uma relação negativa entre a atividade das manchas solares e a precipitação. No entanto, devido à relação de duas caudas, não se pode interpretar uma associação definitiva. De um modo geral, a precipitação depende mais das condições atmosféricas locais do que de factores externos.
A segunda força natural de curto prazo para as alterações de temperatura e precipitação é a oscilação El Niño-La Niña. Esta é medida pelo Índice Niño Oceânico (ONI). A Tabela 6.5 apresenta as correlações entre o Índice Niño Oceânico e a temperatura e precipitação para um período de 52 anos (1961-2012).

Tabela 6.5: *Correlação entre o Índice Niño Oceânico e a Temperatura e Precipitação*

Estado	*Correlação entre o índice Niño oceânico e a temperatura*	*Distrito*	*Correlação entre o índice Niño oceânico e a temperatura*	*Estado*	*Correlação entre o índice Niño oceânico e a precipitação*	*Distrito*	*Correlação entre o índice Niño oceânico e a precipitação*
Goa	0.42**	Hardwar	0.04	Karnataka	0.35**	Pithoragarh	0.18
Maharashtra	0.42**	Udham Singh Nagar	0.02	Nagaland	0.34*	Bageshwar	0.18
TamilNadu	0.39**	Dehradun	0.01	Arunachal Pradesh	0.29*	Almora	0.18
Puducherry	0.38**	Garhwal	0.01	Manipur	0.25	Champawat	0.18
Andhra Pradesh	0.37**	Nainital	0.00	Tripura	0.23	Nainital	0.18
Andamão e	0.36**	Tehri	0.00	Damão e	0.22	Udham	0.17
Nicobar		Garhwal		Diu		Singh Nagar	

Dadra e Nagar Haveli	0.36**	Champawat	-0.02	Gujrat	0.22	Chamoli	0.16
Damão e Diu	0.36**	Almora	-0.02	Goa	0.20	Garhwal	0.16
Lakshadweep	0.36**	Rudraprayag	-0.04	Maharashtra	0.20	Hardwar	0.16
Karnataka	0.34*	Uttarkashi	-0.04	Mizoram	0.20	Rudraprayag	0.14
Telangana	0.33*	Bageshwar	-0.04	Dadra e	0.18	Tehri	0.14
				Nagar Haveli		Garhwal	
Chhattisgarh	0.33*	Chamoli	-0.05	Assam	0.18	Dehradun	0.14
Madhya Pradesh	0.33*	Pithoragarh	-0.07	Telangana	0.17	Uttarkashi	0.13
Kerala	0.31*	*Uttarakhand*	*-0.02*	Uttarakhand	0.17	*Uttarakhand*	*0.17*
Gujrat	0.28*			Rajastão	0.14		
Jharkhand	0.26			Haryana	0.13		
Bihar	0.26			Andhra Pradesh	0.12		
Uttar Pradesh	0.25			Puducherry	0.12		

Rajastão	0.24			NCT de Deli	0.12		
Odisha	0.23			Chandigarh	0.11		
Bengala Ocidental	0.22			Himachal Pradesh	0.10		
Tripura	0.21			Andamão e Nicobar	0.10		
Mizoram	0.15			Lakshadweep	0.10		
Haryana	0.14			Tamil Nadu	0.10		
NCT de Deli	0.13			Jammu e Caxemira	0.08		
Punjab	0.09			Punjab	0.08		
Meghalaya	0.09			Madhya Pradesh	0.07		
Manipur	0.08			Kerala	0.02		
Assam	0.03			Uttar Pradesh	0.01		
Nagaland	0.03			Bihar	0.01		
Chandigarh	0.01			Sikkim	-0.04		

Uttarakhand	-0.02			Bengala Ocidental	-0.06		
Himachal Pradesh	-0.02			Jharkhand	-0.07		
JammuE	-0.03			Meghalaya	-0.07		
Caxemira Pradesh do Arunachal	-0.03			Chhattisgarh	-0.07		
Sikkim	-0.05			Odisha	-0.20		
Índia	*0.28**			*Índia*	*0.26*		

*4 *. A tendência é significativa a um nível de confiança de 99%.*
5 . A tendência é significativa a um nível de confiança de 95%.
Fonte de dados para o Índice Niño Oceânico: NOAA, EUA
Fonte: Calculado

A tabela (6.5) mostra que, durante os anos de El Niño, as temperaturas foram elevadas na Índia e também que houve mais precipitação durante esses anos. Embora na maioria dos casos a correlação entre a precipitação e o índice Niño oceânico seja insignificante, alguns Estados registaram uma correlação positiva significativa. Este facto vai contra a chamada relação El Niño-Monção, segundo a qual, durante o El Niño, se espera menos precipitação na Índia. No entanto, a relação de duas caudas entre o El Niño e a temperatura, e o El Niño e a precipitação limita a possibilidade de prever qualquer associação significativa entre estas variáveis.

O debate mostra que a temperatura e a precipitação estão a mudar. A temperatura está a subir, a precipitação está quase a diminuir. E as forças naturais (principalmente as alterações da insolação) são a principal causa. Mas se nos lembrarmos do "efeito de arrefecimento" urbano, que é um produto humano. Este efeito de arrefecimento não está, de facto, a arrefecer. Os terrenos urbanos estão a aquecer e a tornar a sua envolvente mais quente. É por isso que o investigador utilizou a palavra "arrefecimento parcial", porque funcionará até existirem condições favoráveis à evaporação e, depois, esta energia térmica excedentária doará mais temperatura à atmosfera, o que provocará um tempo mais tempestuoso e aguaceiros instantâneos.

Embora as provas sugiram que a mão humana está por detrás das tendências emergentes da temperatura e da pluviosidade, devido à falta de provas suficientes, o estudo só pôde rejeitar parcialmente a hipótese nula de que *as tendências emergentes da temperatura e da pluviosidade não estão de modo algum ligadas às actividades humanas*, em apoio da hipótese alternativa C.

Conclusões

A partir da discussão em cinco capítulos, é evidente que há uma mudança no padrão de temperatura, bem como de precipitação. Está provado, sem margem para dúvidas, que a temperatura tem vindo a aumentar e que tem aumentado ao longo de um período de tempo que é claramente visível a partir da análise dos dados que foi efectuada durante 102 anos. No que respeita à precipitação, verifica-se um grau de variabilidade extraordinário. No entanto, não é possível detetar uma tendência definida, mas está provado que as zonas que registam temperaturas elevadas registam também uma baixa precipitação. Por conseguinte, existe um certo grau de relação entre a temperatura e a precipitação. Este tipo de relações e de alterações nos padrões de temperatura e de precipitação indicam que há alterações climáticas. Ou está a mudar ou está quase a acontecer ou está para breve.

É importante mencionar que a remoção das florestas, a urbanização, as actividades mineiras e a poluição veicular são frequentemente atribuídas como actividades humanas responsáveis pela alteração do clima. No entanto, a discussão não deixa isso muito claro. Por conseguinte, não é possível comprovar quantitativamente que apenas as actividades humanas são responsáveis pelas alterações actuais da temperatura e da precipitação.

Sugestões

Uma vez que a temperatura é o parâmetro mais importante que controla o tempo e o clima globais de um local, quando sofre alterações temporais e espaciais desiguais, as consequências são: a provável intensificação dos impactos gerais das alterações climáticas. Devido à heterogeneidade da topografia e das condições climáticas, o aumento da temperatura à superfície não é o mesmo em todas as partes do país. Observa-se que o ecossistema frágil é mais vulnerável às alterações do que os ecossistemas comparativamente estáveis.

A região noroeste, que é a chave para o desencadeamento das monções, registou um aumento moderado da temperatura, enquanto a região sul registou um aumento muito significativo durante o último século. Este facto tem grande influência no gradiente de pressão entre estes dois locais que definem a monção. Isto é uma indicação de monção fraca e do seu desencadeamento inoportuno no subcontinente indiano. A tendência de aquecimento desigual criou manchas quentes locais que afectam o mecanismo das monções. Esta influência local fragmentou a monção indiana e aumentou a frequência e a intensidade das catástrofes climatológicas no país. As montanhas indianas também estão a aquecer e, por conseguinte, a atrair mais nuvens e chuvas torrenciais. As chuvas torrenciais aumentam a viscosidade entre as camadas rochosas e provocam deslizamentos de terras maciços nessas zonas. Como podemos esquecer a grande catástrofe das cheias e dos deslizamentos de terras em Uttarakhand, em junho de 2013? As temperaturas mais elevadas do que o habitual nas regiões costeiras e do Nordeste do país aumentaram a ocorrência de tempestades nos últimos tempos. A depressão profunda prolongada sobre estas regiões fornece mais energia aos ventos ciclónicos, o que faz com que estes ciclones se tornem cada vez mais letais, mesmo depois de um desenvolvimento tecnológico suficiente e de uma maior sensibilização.

Para evitar o impacto que o ser humano poderá sofrer devido às alterações climáticas num futuro próximo, é importante que sigamos o modelo de desenvolvimento sustentável. Este modelo de desenvolvimento sustentável tem de se basear na utilização de recursos de forma frugal. É através desta abordagem frugal que podemos ultrapassar o problema.

Existem apenas duas opções disponíveis: a adoção e a atenuação. Ambas as opções têm limitações. Podemos adotar parcialmente e atenuar parcialmente, seguindo a via do desenvolvimento sustentável.

Referências

Arrhenius, S. (1896). On the Influence of Carbonic Acid in the Air upon the Temperature ofthe Ground (Sobre a influência do ácido carbónico no ar sobre a temperatura do solo). *Revista Filosófica,* **41**, 237-276.

Callendar, G.S. (1938). The Artificial Production of Carbon Dioxide and its Influence on Climate [A Produção Artificial de Dióxido de Carbono e a sua Influência no Clima]. *Quarterly J. Royal Meteorological Society*, **64**, 223-40.

Carter, R. (2010). *Climate: The Counter Consensus*. Londres: Stacey International.

Chamberlin, T.C. (1897). A Group of Hypotheses Bearing on Climatic Changes. *J. Geology,* **5**, 653-83.

Clark, W.C. (1989). Managing Planet Earth. *Scientific American*, **261**, 47-54.

Du Bos, Abade Jean-Baptiste (1748). *Critical Reflections on Poetry, Painting and Music, with an Inquiry into the Rise and Progress of the Theatrical Entertainments of the Ancients*. Londres: Thomas Nugent.

Fourier, J. (1824). Remarques Générales Sur Les Températures Du Globe Terrestre Et Des Espaces Planétaires. *Annales de Chemie et de Physique*, **27**, 136-67.

Hôgbom, A. (1894). Om Sannolikheten For Sekulara Fôrandringar I Atmosfàrens Kolsyrehalt. *Svensk kemisk Tidskrift*, **6**, 169-77.

Hume, D. (1775). Of the Populousness of Ancient Nations. In, *Essays: Moral, Political, and Literary*, T. H. Green andT. H. Grose (eds.). Londres: Longmans Green.

IPCC (1990*). Alterações climáticas: The IPCC Scientific Assessment*. Relatório preparado para o IPCC pelo Grupo de Trabalho I. Cambridge: Cambridge University Press.

IPCC (1996). *Climate Change 1995: The Science of Climate Change*. Contribuição do Grupo de Trabalho I para o Segundo Relatório de Avaliação do Painel Intergovernamental sobre as Alterações Climáticas. Cambridge University Press, Cambridge.

IPCC (2001). *Climate Change 2001: The Scientific Basis*. Contribuição do Grupo de Trabalho I para o Terceiro Relatório de Avaliação do PIAC. Cambridge: Cambridge University Press.

IPCC (2007). *Climate Change 2007: The Physical Science Basis*. Contribuição do Grupo de Trabalho I para o Quarto Relatório de Avaliação do Painel Intergovernamental sobre Alterações Climáticas. [Solomon, S., D. Qin, M. Manning, Z. Chen, M. Marquis, K.B. Averyt, M. Tignor andH.L. Miller (eds.)]. Cambridge University Press, Cambridge, Reino Unido e Nova Iorque, NY, EUA, pp. 996.

IPCC (2013). *Climate Change 2013: The Physical Science Basis*. Contribuição do Grupo de Trabalho I para o Quinto Relatório de Avaliação do Painel Intergovernamental sobre as Alterações Climáticas. Cambridge: Cambridge University Press.

Jefferson, T. (1787). *Notes on the State of Virginia. Paris*. Londres: John Stockdale.

Jevons W.S. (1865). *The Coal Question; An Inquiry Concerning the Progress of the Nation, and the Probable Exhaustion of Our Coal Mines*. London: Macmillan.

Keeling, C.D. (I960). The Concentration and Isotopic Abundances of Carbon Dioxide in the Atmosphere. *Tellus,* **12**, 200-203.

Malthus, T.R. (1798). *An Essay on the Principle of Population, as it Affects the Future Improvement of Society, with Remarks on the Speculations of Mr. Godwin, M. Condorcet, and Other Writers*. London: J. Johnson.

Montesquieu, Charles de Secondat, barão de (1758). *O Espírito das Leis*. Londres: J. Nourse e P. Vaillant.

Revelle, R., e Suess, H.E. (1957). Carbon Dioxide Exchange between Atmosphere and Ocean and the Question of an Increase in Atmospheric CO2 during the Past Decades. *Tellus*, **9**, 18-27.

Tyndall, J. (1861). On the Absorption and Radiation of Heat by Gases and Vapours, and on the Physical Connection of Radiation, Absorption and Conduction. *Philosophical Magazine,* **4**, 273-285.

Nações Unidas (1987). *O nosso futuro comum*. Relatório da Comissão Mundial sobre o Ambiente e o Desenvolvimento.

Agarwal, S.K. (2004). *Global Warming and Climate Change: Past Present and Future*. Nova Deli: A.P.H. Publishing Corporation.

Ängström, K. (1900). Ueber die Bedeutung des Wasserdampfes und der Kohlensäure bei der Absorption der Erdatmosphäre. *Annalen der Physik*, **308**, 720-732.

Arakawa, A. (2004). The Cumulus Parameterization Problem: Past, Present, and Future. *Journal of Climate*, **17**, 2493-2525. [doi:10.1175/1520- 0442(2004)017].
Berner, R.A., e Kothavala, Z. (2001). Geocarb III: Um Modelo Revisto de CO2 Atmosférico ao longo do Tempo Fanerozoico. *Am. J. Sci.*, **301**, 182-204.
Bertell, R. (2000). *O Planeta Terra: The Latest Weapon of War*. Nova Iorque: Black Rose Books.
Birchfield, G.E., Weertman, J., e Lunde, A.T. (1982). A Model Study of the Role of High Latitude Topography in the Climatic Response to Orbital Insolation Anomalies (Um Estudo de Modelo do Papel da Topografia de Alta Latitude na Resposta Climática a Anomalias de Insolação Orbital). *J. Atmos. Sci.*, **39**, 71-87.
Brooks, C.E.P. (1951). Geological and Historical Aspects of Climatic Change. In: Malone T.F. (Ed.), *Compendium of Meteorology*. 1004-1018. Boston: Sociedade Americana de Meteorologia.
Chamberlin, T.C. (1897). A Group of Hypotheses Bearing on Climatic Changes. *J Geol.*, **5**, 653-683.
Chamberlin, T.C. (1898). The Influence of Great Epochs of Limestone Formation upon the Constitution of the Atmosphere (A influência de grandes épocas de formação de calcário na constituição da atmosfera). *J Geol*, **6**, 609-621.
Charbonneau, P. (2010). Modelos de dínamo do ciclo solar. *Living Reviews in Solar Physics*, **7**. [doi: 10.12942/lrsp-2010-3].
Covey, C., e Barron, E.J. (1988). The Role of Ocean Heat Transport in Climatic Change. *Earth Sci. Rev.*, **24**, 429-445.
Crutzen, P.J. e Stoermer, E.F. (2000). The 'Anthropocene'. *Global Change Newsletter*, **41**, 12-13.
Dove, H.W. (1837). *Meteorologische Untersuchungen.* Berlim: *Sanderischen Buchhandlung.*
Edwards, P.N. (1999). Global Climate Science, Uncertainty and Politics: Data- Laden Models, Model-Filtered Data. *SciCult*, **8**, 437-472. [doi:10.1080/09505439909526558].
Edwards, P.N. (2010). *Vast Machine: Computer Models, Climate Data, and the Politics of Global Warming [Modelos de Computador, Dados Climáticos e a Política do Aquecimento Global].* Cambridge, MA: MIT Press.
Ferrel, W. (1856). An Essay on the Winds and Currents of the Ocean (Um Ensaio sobre os Ventos e as Correntes do Oceano). *Nashv J Med Surg*, **11**, 375-389.
Fultz, D. (1960). *Dynamics of Climate.* NewYork: Pergamon Press.
Hadley, G. (1735). Concerning the Cause of the General Tradewinds. *Philos Trans R Soc Lond,* **39**, 58-62.
Haigh, Joanna D. (1996). O Impacto da Variabilidade Solar no Clima. Science, **272**, 981-84.
Halley, E. (1686). An historical Account of the Trade Winds, and Monsoons, Observable in the Seas Between and Near the Tropics, With an Attempt to Assign the Physical Cause of the Said Winds. *Philos Trans R Soc Lond*, **1**, 153168.
Hansen, J.,Nazarenko,L., Ruedy,R., Sato, M.,Willis,J., Genio, A.D., Koch, D., Lacis, A., Lo, K., Menon, S., Novakov, T., Perlwitz, J., Russell, G., Schmidt, G.A., e Tausnev, N. (2005). Desequilíbrio energético da Terra: Confirmação e implicações. *Science*,**308**, 1431-1435. [doi:10.1126/science.1110252].
Hide, R. (1953). Algumas experiências sobre convecção térmica num líquido rotativo trimestralmente. *J R Meteorol Soc*, **79**, 161.
IPCC, (2013). *Climate Change 2013: The Physical Science Basis*. Contribuição do Grupo de Trabalho I para o Quinto Relatório de Avaliação do Painel Intergovernamental sobre Alterações Climáticas [Stocker, T.F., D. Qin, G.-K. Plattner, M. Tignor, S.K. Allen, J. Boschung, A. Nauels, Y. Xia, V. Bex e P.M. Midgley (eds.)]. Cambridge University Press, Cambridge, Reino Unido e Nova Iorque, NY, EUA.
Jansen, E., Overpeck, J., Briffa, K.R., Duplessy, J.-C., Joos, F., Masson-Delmotte, V., Olago, D., Otto-Bliesner, B., Peltier, W.R., Rahmstorf, S., Ramesh, R., Raynaud, D., Rind, D., Solomina, O., Villalba R., e Zhang, D. (2007). Palaeoclimate. In: *Climate Change 2007: The Physical Science Basis*. Contribuição do Grupo de Trabalho I para o Quarto Relatório de Avaliação do Painel Intergovernamental sobre Alterações Climáticas [Solomon, S., D. Qin, M. Manning, Z. Chen, M. Marquis, K.B. Averyt, M. Tignor and H.L. Miller (Eds.)]. Cambridge

University Press, Cambridge, Reino Unido e Nova Iorque, NY, EUA.
Kuo, H.L. (1960). Descobertas teóricas sobre os efeitos do aquecimento e da rotação no mecanismo de libertação de energia em sistemas de fluidos rotativos. In: Pfeffer R.L. (Ed.), *Dynamics of Climate.* NewYork: Pergamon Press. 78-85.
Lewis, J.M. (1998). Clarificando a Dinâmica da Circulação Geral: A Experiência de Phillips de 1956. *Bul Am Meteorol Soc*, **79**, 39-60.
McGuffie, K, e Henderson-Sellers, A. (2005). *A Climate Modelling Primer.* Nova Iorque: John Wiley.
Petersen, A. (2007). *Simulating Nature: A Philosophical Study of ComputerSimulation Uncertainties and Their Role in Climate Science and Policy Advice.* Antuérpia: Het Spinhuis.
Phillips, N.A. (1956). A Circulação Geral da Atmosfera: Uma experiência numérica. *Q JR Meteorol Soc*, **82**, 123-164.
Phillips, T.J., Potter, G.L., Williamson, D.L., Cederwall, R.T., Boyle, J.S., Fiorino, M., Hnilo, J.J., Olson, J.G., Xie, S., e Yio, J.J. (2004). Avaliação de Parametrizações em Modelos de Circulação Geral: Climate Simulation Meets Weather Prediction. *Bull Am Meteorol Soc*, **85**, 1903-1915.
Rind, D., e Chandler, M. (1991). Increased Ocean Heat Transports and Warmer Climate. *J. Geophys. Res.*, **96**, 7437-7461.
Russell, R.J. (1941). Climatic Change through the Ages. In: United States Department of Agriculture, (Ed.), *Climate and Man.* U.S. Government Printing Office, Washington DC, 67-97
Schneider, S.H., e Dickinson, R.E. (1974). Climate Modeling. *Rev Geophys Space Phys*, **12**, 447-493. [doi:10.1029/RG012i003p00447].
Shackley, S. (2001). Estilos de vida epistémicos na modelação das alterações climáticas. In: Miller C.A., Edwards P.N. (Eds.), *Changing the Atmosphere: Expert Knowledge and Environmental Governance,* 107-134, Cambridge, MA: MIT Press.
Smil, V. (1991). *General Energetics Energy in the Biosphere and Civilization.* Nova Iorque: John Wiley.
Sundberg, M. (2007). Parameterizations as Boundary Objects on the Climate Arena. *Estudos Sociais da Ciência*, **37**, 473-488.
Tyndall, J. (1861). On the Absorption and Radiation of Heat by Gases and Vapours, and on the Physical Connexion of Radiation, Absorption, and Conduction [Sobre a Absorção e Radiação de Calor por Gases e Vapores, e sobre a Conexão Física de Radiação, Absorção e Condução]. *Philosophical Magazine*, **22**, 273-85.
Wolf, R. (1861). Resumo dos seus últimos resultados, *Mon. Not. R. Astron. Soc.*, **21**, 77-78.
Wolf, R. (1877). Astronomische Mitteilungen der Eidgenossischen Sternwarte Zurich. *Astronomische Mittheilungen XLII.* **42**, 29-60.
Arora, M., Goel, N.K. e Singh, P. (2005). Avaliação das tendências de temperatura na Índia. *Hydrological Sciences* Journal, **50**, 81-93.
Cruz, R.V., Harasawa, H., Lal, M., Wu, S., Anokhin, Y., Punsalmaa, B., Honda, Y., Jafari, M., Li, C., Huu, N. (2007). *Asia. Alterações climáticas, 2007, Impactos, Adaptação e Vulnerabilidade.* In: Parry, M.L., Canziani, O.F., Palutikof, J.P. et al., (eds.) Contribution of Working Group II to the Fourth Assessment Report of the Intergovernmental Panel on Climate Change, Cambridge University Press, Cambridge, pp. 469-506.
Dash, S.K., Kulkarni, M.A., Mohanty, U.C. e Prasad, K. (2009). Changes in the Characteristics of Rain Events in India (Mudanças nas Caraterísticas dos Eventos de Chuva na Índia). *J. Geophys. Res.*, **114**, D10109. [doi:10.1029/2008JD010572].
De, U.S., Dube, R.K. e Prakasa Rao, G.S. (2005). Eventos climáticos extremos na Índia nos últimos 100 anos. *J. Indian Geophys. Union*, **9**, 173-87.
Goswami, B.N., Venugopal, V., Sengupta, D., Madhusoodanan, M.S. e Xavier, P. K. (2006). Tendência crescente de fenómenos pluviométricos extremos na Índia num ambiente em aquecimento. *Science*, **314**, 1442-45.
Guhathakurta, P. e Rajeevan, M. (2008). Trends in the Rainfall Pattern over India (Tendências no padrão de precipitação sobre a Índia). *Int. J. Clamoto*, **28**, 1453-69.
IMD (2012). *Resumo climático anual de 2012.* Centro Nacional do Clima, Pune.
IPCC (2007). Resumo técnico. In: *Climate Change 2007: The Physical Science Basis.* Contribuição do Grupo de Trabalho I para o Quarto Relatório de Avaliação do Painel Intergovernamental sobre as Alterações Climáticas, Cambridge University Press, Cambridge,

Reino Unido e Nova Iorque, EUA, pp. 19-71.
Kothawale, D.R., Munot, A.A. e Krishna Kumar, K. (2010). Surface Air Temperature Variability over India during 1901-2007 and its Association with ENSO. *Climate Res.*, **42**, 89-104.
Kumar, K.R., Sahai, A.K., Kumar, K.K., Patwardhan, S.K., Mishra, P.K., Revadekar, J.V., Kamala, K., e Pant, G.B. (2006). High-resolution Climate Change Scenarios for India for the 21st Century (Cenários de alterações climáticas de alta resolução para a Índia no século XXI). *Current Science*, **90**, 334-45.
Lal, M. e Harasawa, H. (2001). Future Climate Change Scenarios for Asia as Inferred from Selected Coupled Atmosphere-ocean Global Climate Models. *J. Meteorol. Soc. Japan*, **79**, 219-27.
Lal, M. e Singh, S.K. (2001). Global Warming and Monsoon Climate (Aquecimento global e clima das monções). *Mausam*, **52**, 245-62.
Lal, M., Nozawa, T., Emori, S., Harasawa, H., Takahashi, K., Kimoto, M., Abeouchi, A., Nakajima, T., Takemura T., e Numaguti, A. (2001). Future Climate Change: Implications for Indian Summer Monsoon and its Variability. *Current Science*, **81**, 1196-1207.
MoEF, (2010). *Alterações climáticas e a Índia: A 4x4 Assessment: A Sectoral, and Regional Analysis for 2030s*. Ministério do Ambiente e das Florestas, Governo da Índia, Nova Deli.
Parthasarathy, B. e Dhar, O.N. (1974). Secular Variations of Regional Rainfall over India (Variações seculares da precipitação regional na Índia). *Q. J. R. Meteorol. Soc.*, **100**, 245-57.
Rupa Kumar, K., Krishankumar e Pant, G. B. (1994). Diurnal Asymmetry of Surface Temperature Trends over India (Assimetria diurna das tendências da temperatura de superfície na Índia). *Geophys. Res. Lett.*, **21**, 677-80.
Rupa Kumar, K., Pant, G.B., Parthasarathy, B., e Sontakke, N.A. (1992). Spatial and Sub-seasonal Patterns of the Long Term Trends of Indian Summer Monsoon Rainfall. *Int. J. Climatol*, **12**, 257-68.
Rupa Kumar, K., Sahai A.K., Krishna Kumar, K., Patwardhan, S.K., Mishra, P.K., Revadekar, J.V., Kamala K. e Pant G.B. (2006). High-resolution Climate Change Scenarios for India for the 21st Century. *Current Science*, **90**, 334-45.
Srivastava, H.N., Dewan, B.N., Dikshit, S.K., Rao, P.G.S., Singh, S.S. e Rao, K.R. (1992). Decadal Trends in Climate over India (Tendências decadais do clima na Índia). *Mausam*, **43**, 7-20.
Sulochana, G. (2003). The Indian Monsoon and Its Variability (A Monção Indiana e a sua Variabilidade). *Annu. Rev. Earth Planet. Sci.*, **31**, 429-67.
Tyagi, A. e Goswami, B.N. (2009). Assessment of Climate Change and Adaptation in India [Avaliação das alterações climáticas e adaptação na Índia]. *Climate Sense*, 68-70.
S.G., Burrard, e H.H., Hayden (1907). *A Sketch of the Geography and Geology of the Himalaya Mountains and Tibet.* Superintendent Government Printing, Índia.
Singh, R.L. (1993). *India: A Regional Geography*. Nova Deli: UBS Publishers.
Wadia, D.N. (1966). *Geology of India*, Londres: Macmillan.
(2011). *India State of Forest Report, Capítulo 2; Forest Cover*, Forest Survey oflndia, Ministério do Ambiente e das Florestas, 18.
(2011). *State-wise Mineral Scenario*, Ministério das Minas, Governo da Índia.
Bonan, G.B. (2008). Forests and Climate Change: Forcing Feedbacks and the Climate Benefits ofForests. *Science*, **320**, 1444-49.
Carslaw, K.S., Harrizon, R.G., e Kirkby, J. (2002). Raios Cósmicos, Nuvens e Clima. *Science*, **298**, 1732-37.
Charney, J.G. (1975). Dinâmica dos Desertos e Secas no Sahel. *Quart. J. Roy. Met. Soc.*, **101**, 193- 202.
Chung, U., Choi, J., e Yun, J.I. (2004). Efeito da urbanização na mudança observada na temperatura média mensal entre 1951-1980 e 1971-2000 na Coreia. *Climatic Change*, **66**, 127-36.
Dash, S.K., e Hunt, J.C.R. (2007). Variabilidade das alterações climáticas. *Current Science*, **96**, 782-88.
De, U.S., e Prakasarao, G.S. (2004). Urban Climate Trends- the Indian Scenario (Tendências climáticas urbanas - o cenário indiano). *J. Indian Geophys*, **8**, 199-203.
Dhorde, A., e Gadgil, A.S. (2009). Long Term Temperature Trends at Four Largest Cities of

India during the Twentieth Century (Tendências de temperatura a longo prazo nas quatro maiores cidades da Índia durante o século XX). *J. Indian Geophys. Union*, **13**, 85-97.
Friis-Christensen, E. e Lassen, K. (1991). Length of the solar cycle, an Indication of Solar Activity Closely Associated with Climate (Duração do ciclo solar, uma indicação da atividade solar estreitamente associada ao clima). *Science*, **254**, 698-700.
Fu, C., Harasawa, H., Kasyanov, V., Kim, J.W., Ojima, D., Wan, Z., Zhao, S. (2002). Interação regional-global na Ásia Oriental. In: *Global-Regional Linkages in the Earth System*. [Tyson, P., Fun, C., Fuchs, R., Lebel, L., Mitra, A.P., Odada, E., Perry, J., Steffen, W., Virji, H. (Eds.)], 109-149, Berlim: Springer.
Gadgil, A., e Dhorde, A. (2005). Tendências de temperatura no século XX em Pune, Índia. *Atmos. Environ.*, **39**, 6550-56.
Gianni, A., Saravanan, R., Chang, P. (2003). Oceanic Forcing of Sahel Rainfall in Inter-annual to Inter-decadal Timescales. *Science*, **302**, 1027-30.
Gupta, A., Thapliyal, P.K., Pal, P.K., e Joshi, P.C. (2005). Impact of Deforestation on Indian Monsoon: A GCM Sensitivity Study. *J. Ind. Geophys. Union*, **9**, 97-104.
Kumar, V.P., Bindi, M., Crisci, A., e Maracchi, G. (2005). Deteção da variação da temperatura do ar em diferentes escalas temporais durante o período de 1889 a 1998 em Florença, Itália. *Climatic Change*, **72**, 123-50.
Malhi, Y., Wright, J. (2005). Late Twentieth Century Patterns and Trends in the Climate of Tropical Forest Regions (Padrões e Tendências do Final do Século XX no Clima das Regiões de Florestas Tropicais). In: *Tropical Forests and Global Atmospheric Change*, Malhi Y., and Phillips O. (Eds.), 3-16, Oxford: Oxford University Press.
Pal, P.K., Thapliyal, P.K., Dwavedi, A.K. (2001). Regional Climate Changes due to Double CO2 Simulation by CCM3. *Mausam*, **52**, 221-28.
Sajjad, S.H., Hussain, B., Khan, M.A., Raza, A., Zaman, B., e Ahmed, I. (2009). On Rising Temperature Trends of Karachi in Pakistan [Tendências de aumento da temperatura em Carachi, Paquistão]. *Climatic Change*, **96**, 539-47.
Svensmark, H. e Friis-Christensen, E. (1997). Variation of Cosmic Ray Flux and Global Cloud Coverage - A Missing Link in Solar-Climate Relationships. *Journal of Atmospheric and Solar-Terrestrial Physics*, **59**, 1225-32.
Cruz, R.V., Harasawa, H., Lal, M., Wu, S., Anokhin, Y., Punsalmaa, B., Honda, Y., Jafari, M., Li, C., e Huu, N.N. (2007). Ásia. In: *Climate Change 2007: Impacts, Adaptation and Vulnerability*. Contribution of Working Group II to the Fourth Assessment Report of the Intergovernmental Panel on Climate Change, [M.L. Parry, O.F. Canziani, J.P. Palutikof, P.J. Linden V.D., and Hanson, C.E. (eds.)], Cambridge University Press, Cambridge, UK, 469-506.
GSI (2001). Glaciologia dos Himalaias Indianos. *Publicação Especial GSI n.º 63*, Serviço Geológico da Índia.
Raina V.K. (2010). Himalayan Glaciers: A State-of-Art Review of Glacial Studies, Glacial Retreat and Climate Change. *Documento de discussão do MOEF*, Ministério do Ambiente e das Florestas, Governo da Índia.

Bibliografia

Alley, R.B. (2000). *The Two-Mile Time Machine [A Máquina do Tempo de Duas Milhas*]. Princeton, NJ: Princeton University Press.
Andreae, M.O. (2001). The Dark Side ofAerosols. *Nature*, **409**, 671-72.
Andresen, S., e Agrawala, S. (2002). Leaders, Pushers and Laggards in the Making ofthe Climate Regime. *Global Environmental Change*, **12**,41-51.
Annan, J.D., e Hargreaves, J.C. (2006). Using Multiple Observationally- Based Constraints to Estimate Climate Sensitivity. *Geophysical Research Letters*, **33**, L06704. [doi:10.1029/2005GL025259].
Antilla, L. (2008). Self-Censorship and Science: A Geographical Review of Media Coverage of Climate Tipping Points. *Public Understanding of Science*, **1**, 1-17.
Appenzeller, T., e Dimick, D.R. (2004). The Heat Is On. *National Geographic*, **9**, 12-75.
Archer, D., e Buffet, B. (2005). Time-Dependent Response of the Global Ocean Clathrate Reservoir to Climatic and Anthropogenic Forcing (Resposta dependente do tempo do reservatório global de clatratos do oceano ao forçamento climático e antropogénico). *Geochemistry, Geophysics andGeosystems*, **6**, Q03002. [doi:10.1029/2004GC000854].
Archer, D., e Pierrehumbert, R.T. (Eds.) (2011). *The Warming Papers: The Scientific Foundation for the Climate Change Forecast.* Hoboken, NJ: Wiley- Blackwell.
Arnold, N. (2002). Solar Variability, Coupling between Atmospheric Layers and Climate Change (Variabilidade Solar, Acoplamento entre Camadas Atmosféricas e Mudanças Climáticas). *Phil. Transactions of the Roy. Soc. Lond.* **360**, 2787-2804. [doi:10.1098/rsta.2002.1091].
Arrigo, K.R. (2007). Manipulações marinhas. *Nature*, **450**, 491-92.
Bard, E., e Frank, M. (2006). Alterações climáticas e variabilidade solar: What's New under the Sun? *Earth and Planetary Science Letters*,**248**, 1-14. [doi:10.1016/j.epsl.2006.06.016].
Barrett, E.W., e Landsberg, H.E. (1975). Inadvertent Weather and Climate Modification (Modificação Inadvertida do Tempo e do Clima). *CRC Critical Reviews in Environmental Control*, **6**, 15-90.
Benestad, R.E. (2005). Uma revisão das estimativas de duração do ciclo solar. *Geophysical Research Letters* **32**: L15714 [doi:10.1029/2005GL023621].
Berger, A., e Loutre, M.F. (2002). An Exceptionally Long Interglacial Ahead? *Science*, **297**, 1287-88.
Billett, S. (2009). Dividing Climate Change: Global Warming in the Indian Mass Media (O Aquecimento Global nos Meios de Comunicação Social Indianos). *Climactic Change*, **99**, 1-16. [doi:1007/s10584-009-9605-3].
Bindschadler, R.A. (2006). Hitting the Ice Sheets Where It Hurts" [Atingir os lençóis de gelo onde dói]. *Science*, **311**, 1720-21. [doi:10.1126/science.1125226].
Blackstock, J.J., e Long, J.C.S. (2010). The Politics of Geoengineering (A Política da Geoengenharia). *Science*, **327**, 527. [doi:10.1126/science.1183877].
Bolin, B. (2007). *A History of the Science and Politics of Climate Change. The Role of the Intergovernmental Panel on Climate Change.* Cambridge: Cambridge University Press.
Boos, W.R. (2011). Clima: Invernos frios de oceanos quentes. *Nature*, **471**, 584-86. [doi:10.1038/471584a].
Boykoff, M.T. (2011). *Who Speaks for the Climate? Making Sense of Media Reporting on Climate Change.* Cambridge: Cambridge University Press.
Boykoff, M.T. (2014). Discurso da mídia sobre a desaceleração do clima. *Nature Climate Change*, **4**, 156-58. [doi:10.1038/nclimate2156].
Bradley, R.S. (2011). *Global Warming and Political Intimidation (Aquecimento Global e Intimidação Política): How Politicians Cracked Down on Scientists as the Earth Heated Up [Como os políticos reprimiram os cientistas à medida que a Terra aquecia].* Amherst: University of Massachusetts Press.
Brasseur, G.P., e Roeckner, E. (2005). Impacto da melhoria da qualidade do ar na evolução futura do clima. *Geophysical Research Letters*, **32**, L23704. [doi:10.1029/2005GL023902].
Broecker, W. (2010). *O Grande Transportador Oceânico: Discovering the Trigger for Abrupt Climate Change [Descobrindo o gatilho para uma mudança climática abrupta].* Princeton, NJ:

Princeton University Press.
Broecker, W.S. (1975). Climatic Change: Are We on the Brink of a Pronounced Global Warming? *Science*, **189**, 460-464.
Broecker, W.S. (1995). Arrefecimento dos Trópicos. *Nature*, **376**, 212-13.
Broecker, W.S. (1999). Previsão das alterações climáticas. *Science*, **283**, 179.
Broecker, W.S. (2004). Cenários futuros de aquecimento global. *Science*, **304**, 388.
Broecker, W.S. (2006). Was the Younger Dryas Triggered by a Flood? *Science*, **312**, 1146-47.
Broecker, W.S., e Kunzig, R. (2008). *Fixing Climate: What Past Climate Changes Reveal About the Current Threat - and How to Counter It.* Nova Iorque: Hill and Wang.
Bryson, R.A., e Goodman, B.M. (1980). Volcanic Activity and Climatic Changes (Atividade Vulcânica e Alterações Climáticas). *Science*, **207**, 1041-1043.
Caldeira, K., e Wickett, M.E. (2003). Oceanografia: Anthropogenic Carbon and Ocean pH. *Nature*, **425**, 365. [doi:10.1038/425365a].
Camp, C.D., e Tung, Ka-Kit (2007). Surface Warming by the Solar Cycle as Revealed by the Composite Mean Difference Projection (Aquecimento da superfície pelo ciclo solar como revelado pela projeção da diferença média composta). *Geophysical Research Letters*, **34**, L14703. [doi:10.1029/2007GL030207].
Cane, M.A., e Evans, M. (2000). Do the Tropics Rule? *Science*, **290**, 1107-8.
Carson, R. (1962). *Silent Spring*. Boston: Houghton Mifflin.
Carter, R. (2010). *Climate: The Counter Consensus*. Londres: Stacey International.
Chambers, F.M., e Brain, S.A. (2002). Paradigm Shifts in Late-Holocene Climatology? *The Holocene*, **12**, 239-49.
Charlson, R.J. (2005). Uma estufa da Idade da Pedra. *Nature*, **438**, 165-66.
Chen, X., e Tung, Ka-Kit (2014). A variação do dissipador de calor planetário levou à desaceleração e aceleração do aquecimento global. *Science,* **345**, 897-903. [doi:10.1126/science.1254937].
Chiang, J.C.H., e Koutavas, A. (2004). Tropical Flip-Flop Connections. *Nature*, **432**, 684-85.
Chisholm, S.W. (2000). Stirring Times in the Southern Ocean. *Nature*,**407**, 685-87.
Church, J.A., e White, N.J. (2006). Aceleração do século XX na subida global do nível do mar. *Geophysical Research Letters*,**33**,L01602. [doi:10.1029/2005GL024826.].
Chylek, P., Lohmann, U., Dubey, M., Mishchenko, M., Kahn, R., e Ohmura, A. (2007). Limits on Climate Sensitivity Derived from Recent Satellite and Surface Observations, *Journal of Geophysical Research*, **112**, D24S04. [doi: 10.1029/2007JD008740].
Chylek, P., Robinson, S., Dubey, M.K., King, M.D., Fu, Q., e Clodius, W.B. (2006). Comparison of Near-Infrared and Thermal Infrared Cloud Phase Detections (Comparação das Detecções de Fase de Nuvens no Infravermelho Próximo e no Infravermelho Térmico). *Journal of Geophysical Research*, **111**, D20203. [doi: 10.1029/2006JD007140].
Conselho de Investigação Climática, Academia Nacional de Ciências (1979). *Carbon Dioxide and Climate: A Scientific Assessment,* Washington, DC: National Academy of Sciences.
Colinvaux, P.A. (1964). Origin of Ice Ages: Pollen Evidence from Arctic Alaska. *Science*, **145**, 707-08.
Coumou, D., e Rahmstorf, S. (2012). A Decade of Weather Extremes [Uma Década de Extremos Meteorológicos]. *Nature Climate Change*, **2**, 491-96. [doi:10.1038/nclimate1452].
Couzin, J. (1999). Landscape Changes Make Regional Climate Run Hot and Cold (Mudanças na paisagem tornam o clima regional quente e frio). *Science*, **283**, 317-19.
Cox, J.D. (2005). *Climate Crash. Abrupt Climate Change and What It Means for Our Future [Mudança climática abrupta e o que ela significa para o nosso futuro].* Washington, DC: Joseph Henry Press.
Cox, P., e Jones, C. (2008). Iluminando a dança moderna do clima e do CO2. *Science*, **321**, 1642-44. [doi:10.1126/science.1158907].
Craig, H. (1954). Carbono 13 em plantas e a relação entre as variações de carbono 13 e carbono 14 na natureza. *J. Geology*, **62**, 115-49.
Crowley, T. J. (2002). Ciclos, ciclos em todo o lado. *Science*, **295**, 1473-74.
Crowley, T.J. (2000). Causes of Climate Change over the Past 1000 Years (Causas das alterações climáticas nos últimos 1000 anos). *Science*, **289**, 270-77. [doi:10.1126/science.289.5477.270].

Crowley, T.J., e North, G.R. (1991). *Paleoclimatology*. New York: Oxford University Press.
Crucifixo, M., e Berger, A. (2006). How Long Will Our Interglacial Be? *Eos, Transactions of the American Geophysical Union*, **87**, 352-53.
Dahan-Dalmedico, A. (2008). Climate Expertise: Between Scientific Credibility and Geopolitical Imperatives. *Interdisciplinary Science Reviews*, **33**, 71-81. [doi: 10.1179/030801808X259961].
Dahan-Dalmedico, A. (2010). Colocar o sistema terrestre numa caixa numérica? The Evolution from Climate Modeling towards Global Change, *Studies in History and Philosophy of Modern Physics*, **41**, 282-92.
[doi:10/1016/j.shpsb.2010.08.002].
Damon, P.E., e Kunen, S.M. (1976). Global Cooling? *Science*, **193**, 447-453.
De Angelis, H., e Skvarca, P. (2003). Glacier Surge after Ice Shelf Collapse. *Science*, **299**, 1560-62.
Dessler, A.E. (2010). A Determination of the Cloud Feedback from Climate Variations over the PastDecade . *Science*, **330**, 1523-27
[doi:10.1126/science.119254].
Dessler, A.E., e Sherwood, S.C. (2009). A Matter of Humidity (Uma questão de humidade). *Science*, **323**, 1020-21. [doi:10.1126/science.1171264].
Detweiler, R.P., e Hall, C.A.S. (1988). Tropical Forests and the Global Carbon Cycle (Florestas Tropicais e o Ciclo Global do Carbono). *Science*, **239**, 42-47.
Doran, P.T., e Zimmerman, M.K. (2009). Examining the Scientific Consensus on Climate Change [Examinando o Consenso Científico sobre as Alterações Climáticas]. *Eos, Transactions of the American Geophysical Union*, **90**, 22-23. [doi:10.1029/2009E0030002].
Dorries, M. (2011). A Política das Ciências Atmosféricas: O 'inverno Nuclear' e as Alterações Climáticas Globais. *Osiris*, **26**, 198-223.
Dutton, A., e Lambeck, K. (2012). Volume de gelo e nível do mar durante o último interglacial. *Science*, **337**, 216-19. [doi:10.1126/science.1205749].
Dyer, J.M. (1995). Assessment of Climatic Warming Using a Model of Forest Species Migration (Avaliação do aquecimento climático utilizando um modelo de migração de espécies florestais). *Ecological Modelling*, **79**, 199-219. [doi:10.1016/0304- 3800(94)00038-1].
Edwards, P.N. (2010). *A Vast Machine: Computer Models, Climate Data, and the Politics of Global Warming [Uma Máquina Vasta: Modelos de Computador, Dados Climáticos e a Política do Aquecimento Global*]. Cambridge, MA: MIT Press.
Eriksson, E., e Welander, P. (1956). On a Mathematical Model of the Carbon Cycle in Nature (Sobre um modelo matemático do ciclo do carbono na natureza). *Tellus*, **8**, 155-75.
Ewing, M., e Donn, W.L. (1956). A Theory of Ice Ages. *Science,* **123**, 10611065.
Fasullo, J.T., e Trenberth, K.E. (2012). Um futuro menos nublado: O Papel da Subsidência Subtropical na Sensibilidade Climática. *Science*, **338,** 792-94. [doi: 10.1126/science.1227465].
Feulner, G., e Rahmstorf, S. (2010). Sobre o efeito de um novo grande mínimo de atividade solar no clima futuro da Terra. *Geophysical Research Letters*, **37**, L05707.
[doi:10.1029/2010GL042710].
Fischer, E.M., e Knutti, R. (2015). Contribuição antropogénica para a ocorrência global de precipitação pesada e extremos de alta temperatura. *Nature Climate Change*, **5**, 560-64. [doi:10.1038/nclimate2617].
Fleming, J.R. (1998). *Historical Perspectives on Climate Change*. Nova Iorque: Oxford University Press.
Fleming, J.R. (2006). The Pathological History of Weather and Climate Modification (A História Patológica da Modificação do Tempo e do Clima): Three Cycles of Promise and Hype. *Historical Studies in the Physical Sciences*, **37**, 3-25. [doi:10.1525/hsps.2006.37.1.3].
Fleming, J.R. (2010). *Fixing the Sky: The Checkered History of Weather and Climate Control [Consertando o Céu: A História Conturbada do Controlo do Tempo e do Clima].* Nova Iorque: ColumbiaUniversity Press.
Flint, R.F. (1955). Rates of Advance and Retreat of the Margin of the Late- Wisconsin Ice Sheet. *American J. Science*, **253**, 249-55.
Foley, J.A. (2005). Pontos de viragem na tundra. *Science*, **310**, 627-28.
[doi:10.1126/science.1120104].
Foukal, P, North, G., e Wigley, T.M.L. (2004). A Stellar View on Solar Variations and Climate

(Uma visão estelar das variações solares e do clima). *Science*, **306**, 68-69.
Foukal, P. (2003). Can Slow Variations in Solar Luminosity Provide Missing Link between Sun and Climate? *Eos, Transactions of the American Geophysical Union*, **84**, 532.
Francis, J.A., e Vavrus, S.J. (2012). Evidências que ligam a amplificação do Ártico ao clima extremo em latitudes médias. *Geophysical Research Letters*, **39**, L06801-6. [doi:10.1029/2012GL051000].
Fuchs, N.A. (1964). *The Mechanics of Aerosols*. Oxford: Pergamon.
Fussel, Hans-Martin, e Klein. R.J.T. (2006). Avaliações da vulnerabilidade às alterações climáticas: An Evolution of Conceptual Thinking. *Climactic Change*, **75**, 301-29. [doi:10.1007/s10584-006-0329-3].
Gelbspan, R. (2004). *Boiling Point. How Politicians, Big Oil and Coal, Journalists, and Activists Are Fueling the Climate Crisis - and What You Can Do to Avert Disaster.* Nova Iorque: Basic.
Gettelman, A., e Fu, Q. (2008). Observed and Simulated Upper-Tropospheric Water Vapor Feedback. *Journal of Climate*, **21**, 3282-89. [doi: 10.1175/2007JCLI2142].
Giles, J. (2002). When Doubt Is a Sure Thing (Quando a dúvida é uma certeza). *Nature*, **418**, 476-78.
Gilliland, R.L. (1982). Forçamento solar, vulcânico e de CO2 de mudanças climáticas recentes. *Climatic Change*, **4**, 111-31.
Glass, M. (2009). *Ultimatum.* New York: Atlantic Monthly Press.
Gore, Al (2006). *An Inconvenient Truth [Uma Verdade Inconveniente].* New York: Rodale Press
Goswami, B.N., Venugopal, V.D., Sengupta, D., Madhusudan, M.S., Xavier, P.K. (2006). Tendência crescente de eventos extremos de chuva na Índia num ambiente em aquecimento. *Science*, **314**, 1442-1445.
Graham, F., (1970). *Since Silent Spring*. Boston: Houghton Mifflin.
Gramelsberger, G. (2010). Conceiving Processes in Atmospheric ModelsGeneral Equations, Subscale Parameterizations, and 'Superparameterizations'. *Estudos em História e Filosofia da Física Moderna*, **41**, 233-41.
Grantham, J. (2012). Be Persuasive. Be Brave. Seja preso (se necessário). *Nature*, **491**, 303. [doi:10.1038/491303a].
Greenpeace (2010). *Dealing in Doubt: The Climate Denial Industry and Climate Science.* Amesterdão: Greenpeace International.
Gribbin, J. (1975). Causas e efeitos do arrefecimento global. *Nature*, **254**, 14.
Haas, C., Pfaffling, A., Hendricks, S., Rabenstein, L., Etienne, J.L., e Rigor, I. (2008). Reduced Ice Thickness in Arctic Transpolar Drift favors Rapid Ice Retreat, *Geophysical ResearchLett ers*, **35**, L17501. [doi:10.1029/2008GL034457].
Hamblin, J.D. (2013). *Armar a Mãe Natureza: The Birth of Catastrophic Environmentalism [O Nascimento do Ambientalismo Catastrófico].* Oxford: Oxford University Press.
Hansen, J. (2009). *Storms of My Grandchildren. The Truth about the Coming Climate Catastrophe and Our Last Chance to Save Humanity [A verdade sobre a próxima catástrofe climática e a nossa última oportunidade de salvar a humanidade].* New York: BloomsburyUSA.
Hansen, J.E. (2005). A Slippery Slope: How Much Global Warming Constitutes 'Dangerous Anthropogenic Interference'? (Editorial) *Climatic Change*, **68**, 26979.
Harper, K.C. (2008). *Weather by the Numbers: The Genesis of Modern Meteorology [A Génese da Meteorologia Moderna].* Cambridge, MA: MIT Press.
Harrison, R.G., e Stephenson, D.B. (2006). Evidência empírica de um efeito não linear dos raios cósmicos galácticos nas nuvens. *Proceedings of the Royal Society A*, **462**, 1221-33. [doi:10.1098/rspa.2005.1628].
Hartmann, B. e Wendler, G. (2005). O significado da mudança climática do Pacífico de 1976 na climatologia do Alasca. *Journal of Climate*, **18**, 4824-4839 [doi:10.1175/JCLI3532.1].
Hecht, A.D. (2014). Passado, Presente e Futuro: Urgência de Lidar com as Alterações Climáticas. *Ciências Atmosféricas e Climáticas*, **4**, 779-795. [doi:10.4236/acs.2014.45069].
Heffernan, O. (2010). A máquina do clima. *Nature*, **463**, 1014-16.

Heimann, M., e Reichstein, M. (2008). Terrestrial Ecosystem Carbon Dynamics and Climate Feedbacks. *Nature*, **451**, 289-92. [doi:10.1038/nature06591].
Heymann, M. (2010). The Evolution of Climate Ideas and Knowledge [A Evolução das Ideias e do Conhecimento sobre o Clima]. *Wiley Interdisciplinary Reviews: Climate Change*, **1**, 581-97. [doi:10.1002/wcc.61].
Heywood, A.M., e Valdes, P.J. (2004). Modeling Pliocene Warmth: Contribution of Atmosphere, Oceans and Cryosphere. *Earth and Planetary Science Letters*, **218**, 363-77.
Holland, D., e Holland, D. (2015). On the Rocks: The Challenges of Predicting Sea Level Rise [Os desafios da previsão da subida do nível do mar]. *Eos, Transacções da União Geofísica Americana*, **96**, 207-31. [doi:10.1029/2015EO036667].
Hollis, C. (2009). Evolving Views on a Dynamic Greenhouse Earth. *Eos, Transactions of the American Geophysical Union*, **90**, 194.
Horner, C.C. (2007). *The Politically Incorrect Guide to Global Warming and Environmentalism [O Guia Politicamente Incorreto do Aquecimento Global e do Ambientalismo*]. Washington DC: Regnery Publishing.
Houghton, J.T. (2008). Madrid 1995: Diagnosticar as alterações climáticas. *Nature*, **455**, 737-38.
Howe, J.P. (2014). *Behind the Curve. A ciência e a política do aquecimento global*. Seattle: University ofWashington Press.
Howe, J.P. (2014). *Behind the Curve. A ciência e a política do aquecimento global.* Seattle: University ofWashington Press.
Hulme, M. (2009). *Why We Disagree About Climate Change [Porque Discordamos das Alterações Climáticas].* Cambridge: Cambridge University Press.
Hundebol, N.R., e Nielsen, K.H. (2014). Desafios e aprendizagem social na interface ciência-política do clima: The 'Long Strange Trip' of the Model Evaluation Consortium for Climate Assessment (MECCA). *Historical Studies in the Natural Sciences*, **44**, 435-69.
Imbrie, J., e Imbrie, J.Z. (1980). Modelling the Climatic Response to Orbital Variations (Modelação da resposta climática às variações orbitais). *Science*, **207**, 943-53.
116.1nman, M. (2008). Carbon Is Forever *Nature Reports: Climate Change*, **12**,15658. [doi:10.1038/climate.2008.122].
117. Inman, M. (2010). Planear o Plano B. *Nature Reports: Climate Change*, **4**, 79. [doi:10.1038/climate.2010.135].
118.IPCC (1990). *Climate Change: The IPCC Scientific Assessment*. [J. T. Houghton, G. J. Jenkins e J. J. Ephraums (eds.)]. Cambridge University Press, Cambridge, Reino Unido e NewYork, NY, EUA, 212 pp.
119.IPCC (1996). *Climate Change 1995: The Science of Climate Change*. Contribuição do Grupo de Trabalho I para o Segundo Relatório de Avaliação do Painel Intergovernamental sobre as Alterações Climáticas. Cambridge University Press, Cambridge, Reino Unido e NewYork, NY, EUA, 584 pp.
120.IPCC (2001) *Climate Change 2001: The Scientific Basis*. Contribuição do Grupo de Trabalho I para o Terceiro Relatório de Avaliação do Painel Intergovernamental sobre as Alterações Climáticas [J. T. Houghton, Y. Ding, D. J. Griggs, M. Noquer, P. J. van der Linden, X. Dai, K. Maskell e C. A. Johnson (eds.)]. Cambridge University Press, Cambridge, Reino Unido e Nova Iorque, NY, EUA, 881 pp.
121.IPCC, (2007). *Climate Change 2007: The Physical Science Basis*. Contribuição do Grupo de Trabalho I para o Quarto Relatório de Avaliação do Painel Intergovernamental sobre Alterações Climáticas [Solomon, S.; Qin, D.; Manning, M.; Chen, Z.; Marquis, M.; Averyt, K.B.; Tignor, M.; Miller, H.L. (eds.)]. Cambridge University Press, Cambridge, Reino Unido eNew York, NY, EUA.
22.IPCC, (2013). *Climate Change 2013: The Physical Science Basis*. Contribuição do Grupo de Trabalho I para o Quinto Relatório de Avaliação do Painel Intergovernamental sobre Alterações Climáticas [Stocker, T.F., D. Qin, G.-K. Plattner, M. Tignor, S.K. Allen, J. Boschung, A. Nauels, Y. Xia, V. Bex e P.M. Midgley (eds.)]. Cambridge University Press, Cambridge, Reino Unido eNew York, NY, EUA.
. Jamieson, D. (2014). *Reason in a Dark Time: Why the Struggle against Climate Change Failed - and What It Means for Our Future [Razão num Tempo Sombrio: Porque a Luta contra as Alterações Climáticas Falhou - e o que Significa para o Nosso Futuro].* New York: Oxford

University Press.
Kahan, D. (2010). Consertando a falha de comunicação. *Nature*, **463**, 296-97.
Karner, D.B., e Muller, R.A. (2000). Um Problema de Causalidade para Milankovitch. *Science*, **288**, 2143-44.
Keeling, R.F. (2008). Recording Earth's Vital Signs (Registo dos Sinais Vitais da Terra). *Science*, **319**, 1771-72. [doi:10.1126/science.1156761].
Keith, D.W. (2000). Geoengenharia do Clima: History and Prospect. *Annual Review of Energy and the Environment*, **25**, 245-84.
Kennedy, D. (2001). An Unfortunate U-Turn on Carbon. *Science*, **291**, 2515.
Kennedy, D. (2006). As novas regras da mordaça. *Science*,**311**, 917, [doi:10.1126/science.1125749].
Kerr, R.A. (1997). Greenhouse Forecasting Still Cloudy. *Science*, **276**, 10401042.
Kerr, R.A. (2006). Pollute the Planet for Climate's Sake? *Science*, **314**, 401-03.
Kiehl, J. (2011). Lições do passado da Terra. *Science*,**331**, 158-59. [doi:10.1126/science.1199380].
King, J. (2014). Ciência do clima: A Resolution of the Antarctic Paradox [Uma resolução do paradoxo antártico]. *Nature*, **505**, 491-92. [doi:10.1038/505491a].
. Kingsolver, B. (2012). *Flight Behavior (Comportamento de voo).* Nova Iorque: Harper.
Kintisch, E. (2006). Evangelicals, Scientists Reach Common Ground on Climate Change (Evangélicos e Cientistas chegam a um consenso sobre as alterações climáticas). *Science*, **311**, 1082-83.
Kintisch, E. (2009). As projecções das alterações climáticas vão de mal a pior, relatam os cientistas. *Science*, **323**, 1546-47. [doi:10.1126/science.323.5921.1546].
Kintisch, E. (2010). *Hack the Planet: Science's Best Hope - or Worst Nightmare - for Averting Climate Catastrophe [A Melhor Esperança da Ciência - ou Pior Pesadelo - para Evitar a Catástrofe Climática].* Nova Iorque: Wiley.
Kirkby, J. (2007). Raios Cósmicos e Clima. *Surveys in Geophysics*, **28**, 33375. [doi:10.1007/s10712-008-9030-6].
Kolbert, E. (2006). *Field Notes from a Catastrophe (Notas de Campo de uma Catástrofe).* Londres: Bloomsbury.
Kosaka, Yu, e Xie, Shang-Ping (2013). Hiato recente do aquecimento global ligado ao arrefecimento da superfície do Pacífico Equatorial. *Nature*, **501**,403-07. [doi:10.1038/nature12534].
Krajick, K. (2002). Ice Man: Lonnie Thompson Scales the Peaks for Science. *Science*, **298**, 518-22.
Krissansen-Totton, J., e Davies, R. (2013). Investigação de conexões de nuvem de raios cósmicos usando MISR. *Geophysical Research Letters*, **40**, 5240-45. [doi:10.1002/grl.50996.]
Lahsen, M.H. (2005). Seductive Simulations? Distribuição da incerteza em torno dos modelos climáticos. *Social Studies ofScience*, **35**, 895-992. [doi:10.1177/0306312705053049].
Lahsen, M.H. (2008). Experiências da Modernidade na Estufa: A Cultural Analysis of a Physicist 'Trio' Supporting the Conservative Backlash against Global Warming. *Global Environmental Change*, **18**, 204-19.
Lapp, R. (1962). *Kill and Overkill: The Strategy of Annihilation.* New York: Basic.
Laudan, L. (1977). *O progresso e os seus problemas. Towards a Theory of Scientific Growth.* Berkeley: University of California Press.
Laurmann, J.A. (1976). Investigação sobre o clima. *Science*, **191**, 1002-1005.
Lawrence, D.M., e Slater, A.G. (2005). A Projection of Severe near-Surface Permafrost Degradation During the 21st Century (Uma projeção de degradação grave do permafrost próximo da superfície durante o século XXI). *Geophysical Research Letters*, **32**, L22401. [doi:10.1029/2005GL025080].
Lean, J.L. (2010). Cycles and Trends in Solar Irradiance and Climate (Ciclos e Tendências na Irradiância Solar e no Clima). *Wiley Interdisciplinary Reviews: Climate Change*, **1**, 111-22. [doi:10.1002/wcc.018].
Lean, J.L., e Rind, D.H. (2001). Earth's Response to a Variable Sun (Resposta da Terra a um Sol Variável). *Science*, **292**, 234-36. [doi:10.1126/science:1060082].

Lean, J.L., e Rind, D.H. (2009). How Will Earth's Surface Temperature Change in Future Decades? *Geophysical Research Letters*, **36**, L15708. [doi:10.1029/2009GL038932].
Legrand, M., e Mayewski, P.A. (1997). Glaciochemistry of Polar Ice Cores: A Review. *Reviews of Geophysics*, **35**, 219-243.
Leiserowitz, A. (2004). O dia depois de amanhã: Study of Climate Change Risk Perception. *Ambiente*, **46**, 22-44.
Leiserowitz, A. (2006). Climate Change, Risk Perception and Policy Preferences: The Role of Affect, Imagery and Values. *Climatic Change*, **77**, 4572. [doi:10.1007/s10584-006-9059-9].
Libby, W.F., (1951). *Radiocarbon Dating.* Chicago: Chicago University Press.
Lindsay, R.W., e Zhang, J. (2005). The Thinning of Arctic Sea Ice, 19882003: Have We Passed a Tipping Point? *Journal of Climate*,**18**, 4879-94. [doi:10.1175/JCLI3587.1].
Lindzen, R.S., e Choi, Y. (2009). On the Determination of Climate Feedbacks from ERBE Data. *Geophysical Research Letters*, **36**, L16705.
[doi:10.1029/2009GL039628].
Lloyd, E. A. (2012). O papel do empirismo "complexo" nos debates sobre dados de satélite e modelos climáticos. *Estudos em História e Filosofia da Ciência*, **43**, 390-401.
Lockwood, M.L., e Fröhlich, C. (2007). Recent Oppositely Direted Trends in Solar Climate Forcings and the Global Mean Surface Air Temperature. *Proceedings of the Royal Society of London A*, **463**, 2447-60. [doi:10.1098/rspa.2007.1880].
Lomborg, B. (2001). *The Skeptical Environmentalist: Measuring the Real State of the World.* Cambridge: Cambridge University Press.
Lomborg, B. (2004). *Global Crises, Global Solutions.* Cambridge: Cambridge University Press.
Lomborg, B. (2007). *Cool It: The Skeptical Environmentalist's Guide to Global Warming.* New York: Knopf.
Lorenz, D. J., e DeWeaver, E. T. (2007). Altura da Tropopausa e Resposta do Vento Zonal ao Aquecimento Global nas Integrações de Cenários do IPCC. *Journal of Geophysical Research*, **112**, D10119 [doi: 10.1029/2006JD008087].
Lovell, B. (2012). *Challenged by Carbon. The Oil Industry and Climate Change.* Cambridge: Cambridge University Press.
Lovelock, James E. (2009). *A Face Desaparecida de Gaia. A Final Warming.* New York: Basic Books.
Lozier, M.S. (2010). Deconstructing the Conveyor Belt (Desconstruindo a Correia Transportadora). *Science*, **328**, 1507-11. [doi:10.1126/science.1189250].
Lynas, M. (2007). *Six Degrees: Our Future on a Hotter Planet.* Londres: HarperCollins.
Lynch, P. (2006). *O Surgimento da Previsão Numérica do Tempo: Richardson's Dream.* Cambridge: Cambridge University Press.
Lynch-Stieglitz, J. (2004). Hemispheric Asynchrony of Abrupt Climate Change. *Science*, **304**, 1919-20.
Manabe, S., e Stouffer, R.J. (2007). Role of Ocean in Global Warming (Papel do Oceano no Aquecimento Global). *Journal of the Meteorological Society of Japan*, **85**, 385-403.
Mann, M.E., andJones, P.D. (2003). Global Surface Temperatures over the Past Two Millennia. *Geophysical Research Letters*, **30**, 1820-24.
Marsh, N.D., e Svensmark, H. (2000). Propriedades de nuvens baixas influenciadas por raios cósmicos. *Physical Review Letters*, **85**, 5004-07.
Martin-Nielsen, J. (2013). 'O buraco mais profundo e mais gratificante já perfurado': Núcleos de gelo e a Guerra Fria na Groenlândia. *Annals of Science*, **70**, 4770.
[doi:10.1080/00033790.2012.721123].
Masco, J. (2010). Mau Tempo: Sobre a Crise Planetária. *Estudos Sociais da Ciência*, **40**, 7-40. [doi:10.1177/0306312709341598].
Mason, B.J. (1977). Has the Weather Gone Mad? *The New Republic*, **177**, 2123.
. Matthews, H.D., e Caldeira, K. (2008). Stabilizing Climate Requires Nearzero Emissions. *Geophysical Research Letters*, **35**, L04705.
[doi:10.1029/2007GL032388].
Matthews, H.D., e Keith, D.W. (2007). Carbon-Cycle Feedbacks Increase the Likelihood of a Warmer Future (Reacções do ciclo do carbono aumentam a probabilidade de um futuro mais quente). *Geophysical Research Letters*, **34**, L09702. [doi:10.1029/2006GL028685].
. McCormick, R.A., e Ludwig, J.H. (1967). Climate Modification by Atmospheric Aerosols.

Science, **156**, 1358-59.
McCright, A.M., e Dunlap, R.E. (2000). Challenging Global Warming as a Social Problem: An Analysis of the Conservative Movement's CounterClaims. *Social Problems*, **47**, 499-522.
. McEwan, I. (2010). *Solar*. New York: Doubleday.
McGlade, C., e Ekins, P. (2015). The Geographical Distribution of Fossil Fuels Unused When Limiting Global Warming to 2^{O} C. *Nature*, **517**, 187-190. [doi: 10.1038/nature14016].
McIntyre, S., e McKitrick, R. (2005). Hockey Sticks, Principal Components and Spurious Significance (Bastões de Hóquei, Componentes Principais e Significância Espúria). *Geophysical Research Letters*, **32**, L03710. [doi:10.1029/2004GL021750].
McKibben, B. (2010). *Eaarth. Making a Life on a Tough New Planet.* Nova Iorque: Henry Holt.
McKitrick, R.R. e Michaels P.J. (2007). Quantifying the Influence of Anthropogenic Surface Processes and In Homogeneities on Gridded Global Climate Data. *Journal of Geophysical Research*, **112**, D24S09 [doi: 10.1029/2007JD008465].
. McNeill, J.R. (2000). *Something New under the Sun: An Environmental History of the Twentieth-Century World [Uma História Ambiental do Mundo do Século XX]*. Nova Iorque: W.W. Norton.
Mears, C.A., e Wentz, F.J. (2005). The Effect of Diurnal Corretion on Satellite-Derived Lower Tropospheric Temperature (O efeito da correção diurna na temperatura troposférica inferior derivada de satélite). *Science*,**309**, 1548-51. [doi:10.1126/science.1114772].
Meehl, G.A., e Tebaldi, C. (2004). Ondas de calor mais intensas, mais frequentes e mais duradouras no século XXI. *Science*, **305**,994-97. [doi:10.1126/science.1098704].
Michaels, P.M., e Balling, R.C. (2000). *The Satanic Gases: Clearing the Air about Global Warming*. Washington, DC: Instituto Cato.
Miller, C.A., e Edwards, P.N. (Eds.) (2001). *Changing the Atmosphere. Expert Knowledge and Environmental Governance*. Cambridge, MA: MIT Press.
Mitchell, J.M. (1953). On the Causes of Instrumentally Observed Secular Temperature Trends (Sobre as Causas das Tendências Seculares da Temperatura Observadas Instrumentalmente). *J. Meteorology*, **10**, 244-61.
. Monbiot, G. (2007). *Heat: How to Stop the Planet from Burning.* Cambridge, MA: South End Press. Monget, Y. (2007). *The World Tomorrow: Scenarios of Global Catastrophe.* Nova Iorque: Harry N. Abrams.
Mooney, C. (2007). An Inconvenient Assessment (Uma Avaliação Inconveniente). *Bulletin of the Atomic Scientists*, **63**, 40-47.
Morice, C.P., Kennedy, J.J., Rayner, N.A., e Jones, P.D (2012). Quantifying Uncertainties in Global and Regional Temperature Change Using an Ensemble of Observational Estimates: The HadCRUT4 Data Set. *Journal of Geophysical Research*, **117**, D8 [doi: 10.1029/2011JD017187].
Morton, O. (2007). Is This What It Takes to Save the World? *Nature*, **447**, 13236.
Myhre, G. (2009). Consistência entre estimativas do efeito direto do aerossol derivadas de satélite e modeladas. *Science*,**325**, 187-90. [doi:10.1126/science.1174461].
Conselho Nacional de Investigação, Comité para a Compreensão e Monitorização das Alterações Climáticas Abruptas e dos seus Impactos (2013). *Impactos abruptos das alterações climáticas: Antecipar as surpresas.* Washington, DC: Imprensa das Academias Nacionais.
Newell, P. (2000). *Climate for Change: Non-State Actors and the Global Politics of the Greenhouse.* Cambridge: Cambridge Univ. Press.
Nisbet, E. (2007). Cinderella Science. *Nature*, **450**, 789-90.
Nof, D. (2008). Simple versus Complex Climate Modeling. *Eos, Transactions of the American Geophysical Union*, **89**, 544-45.
Norgaard, K.M. (2011). *Living in Denial. Climate Change, Emotions, and Everyday Life [Alterações climáticas, emoções e vida quotidiana].* Cambridge, MA: MIT Press.
Nozawa, T., Nagashima, T., Shiogama, H. e Crooks, S. (2005). Detecting Natural Influence on Surface Air Temperature in the Early Twentieth Century. *Geophysical Research Letters*, **32**, L20719 [doi: 10.1029/2005GL023540].
Nunes, F., e Norris, R.D. (2006). Abrupt Reversal in Ocean Overturning During the Palaeocene/Eocene Warm Period. *Nature*, **439**, 60-63. [doi:10.1038/nature04386].

Oerlemans, J. (2005). Extracting a Climate Signal from 169 Glacier Records (Extrair um sinal climático de 169 registos de glaciares). *Science*, **308**, 675-77.
Ohmura, A., e Wild, M. (2002). Is the Hydrological Cycle Accelerating? *Science*, **298**, 1345-1346.
Ohmura, A., e Wild, M. (2002). Is the Hydrological Cycle Accelerating? *Science*, **298**, 1345-46.
Oreskes, N., e Conway, E.M. (2010). *Merchants of Doubt: How a Handful of Scientists Obscured the Truth on Issues from Tobacco Smoke to Global Warming [Mercadores da dúvida: como um punhado de cientistas obscureceu a verdade sobre questões que vão do fumo do tabaco ao aquecimento global].* New York: Bloomsbury.
Osterkamp, T.E. (2007). Causes of Warming and Thawing Permafrost in Alaska (Causas do aquecimento e degelo do permafrost no Alasca). *Eos, Transação*, **88**, 522-523. [doi: 10.1029/2007EO480002].
Osterkamp, T.E. (2007). Caraterísticas do aquecimento recente do permafrost no Alasca. *Journal of Geophysical Research,* **112**, F02S02. [doi: 10.102912006JF000578].
Parker, D.E. (2010). Urban Heat Island Effects on Estimates of Observed Climate Change (Efeitos da Ilha de Calor Urbana nas Estimativas das Alterações Climáticas Observadas). *Wiley Interdisciplinary Reviews: Climate Change*, **1**, 123-33 [doi:10.1002/wcc.021].
Pattanaik, D.R., e Rajeevan, M. (2007). Atividade dos Ciclones Tropicais do Noroeste do Pacífico e Precipitação de julho na Índia. *Meteorol. Atmos. Phys.*, **95**, 63-72.
. Pearce, F. (2007). *With Speed and Violence. Why Scientists Fear Tipping Points in Climate Change [Por que os Cientistas Temem os Pontos de Inflexão nas Mudanças Climáticas].* Boston: Beacon.
Penn, M.J., e Livingston, W. (2006). Temporal Changes in Sunspot Umbral Magnetic Fields and Temperatures (Mudanças Temporais nos Campos Magnéticos e Temperaturas Umbrais das Manchas Solares). *Astrophysical J.,* **649**, L45-L48.
Phillips, N.A. (1956). A Circulação Geral da Atmosfera: ANumerical Experiment. *Quarterly J. Royal Meteorological Society*, **82**, 123-64.
Pielke, R.A. (2005). Land Use and Climate Change. *Science,* **310**, 1625-26. [doi:10.1126/science.1120529].
Pierrehumbert, R.T. (2004). O Aquecimento do Mundo. *Nature*, **432**, 677.
Pierrehumbert, R.T. (2011). *Principles of Planetary Climate.* Cambridge: Cambridge University Press.
Pilson, M.E. (2006). We Are Evaporating Our Coal Mines into the Air" [Estamos a evaporar as nossas minas de carvão para o ar]. *Ambio*, **35**, 130-33.
Pittock, A.B. (2006). Os cientistas estão a subestimar as alterações climáticas? *Eos, Transactions of the American Geophysical Union*, **87**, 340.
Pittock, A.B. (2009). Can Solar Variations Explain Variations in Earth's Climate? *Climactic Change*, **96**, 483-87. [doi: 10.1007/s10584-009-9645-8].
. Pollack, H.N., e Huang, S. (2000). Climate Reconstruction from Subsurface Temperatures (Reconstrução do Clima a partir de Temperaturas Subsuperficiais). *Annual Review of Earth and Planetary Sciences*, **28**, 339-65.
Pollack, H.N., e Smerdon, J.E. (2004). Reconstruções climáticas de furos de sondagem: Spatial Structure and Hemispheric Averages. *J. Geophysical Research*, **109**, D11106. [doi:10.1029/2003JD004163].
Ponte, L. (1976). *The Cooling*. Englewood Cliffs, NJ: Prentice-Hall.
Pooley, E. (2010). *The Climate War. True Believers, Power Brokers, and the Fight to Save the Earth.* Nova Iorque: Hyperion.
Popkin, G. (2015). A caça ao carbono que falta no mundo. *Nature*, **523**, 2022.
Powell, J.L. (2015). *Quatro Revoluções nas Ciências da Terra. Da heresia à verdade.* New York: Columbia University Press.
Rahmstorf, S. (2002). Ocean Circulation and Climate during the Past 120,000 Years. *Nature*, **419**, 207-14.
Rahmstorf, S. (2007). A Semi-Empirical Approach to Projecting Future SeaLevel Rise. *Science*, 315, 368-70. [doi:10.1126/science.1135456].
Ramanathan, V., e Carmichael, G. (2008). Alterações climáticas globais e regionais devidas ao carbono negro. *Nature Geoscience*, **1**, 221-27.
[doi:10.1038/ngeo156].

Rignot, E., e Thomas, R.H. (2002). Mass Balance of Polar Ice Sheets (Balanço de massa das camadas de gelo polares). *Science*, **297**, 1502-06.
Rigor, I.G., e Wallace J.M. (2004). Variations in the Age of Arctic Sea-Ice and Summer Sea-Ice Extent. *Geophysical Research Letters*,**32**, L09401. [doi:10.1029/2004GL019492].
Robinson, K.S. (2005). *Fifty Degrees Below*. NewYork: Bantam.
Robock, A. (1978). Internally and Externally Caused Climate Change (Mudanças Climáticas Internas e Externas). *J. Atmospheric Sciences*, **35**, 1111-1122.
Robock, A., e Toon, O.B. (2010). Guerra nuclear local, sofrimento global. *Scientific American*, **302**, 74-81.
Roe, G.H., e Baker, M.B. (2007). Porque é que a sensibilidade climática é tão imprevisível? *Science*, **318**, 629-32. [doi:10.1126/science.1144735].
Romm, J. (2011). Desertification: The Next Dust Bowl. *Nature*, **478**, 450-51. [doi:10.1038/478450a].
Rosenfeld, D. (2000). Suppression of Rain and Snow by Urban and Industrial Air Pollution (Supressão da chuva e da neve pela poluição atmosférica urbana e industrial). *Science*, **287**, 1793-96.
Rotstayn, L.D, e Lohmann, U. (2002). Tropical Rainfall Trends and the Indirect Aerosol Effect (Tendências da precipitação tropical e o efeito indireto do aerossol). *Journal of Climate*, **15**, 2103-16.
Ruddiman, W.F. (2006). On 'The Holocene CO2 Rise: Anthropogenic or Natural?'. *Eos, Transactions of the American Geophysical Union*, **87**, 352-53.
Ruddiman, W.F., e Thomson, J.S. (2001). The Case for Human Causes of Increased Atmospheric CH4over the Last 5000 Years. *Quaternary Science Reviews*, **20**, 1769-77.
. Salinger, J. (2010). The Climate Journey over Three Decades [A viagem climática ao longo de três décadas]. *Climactic Change*, **100**, 49-57.
Satheesh, S.K., e Ramanathan, V. (2000). Large Differences in Tropical Aerosol Forcing at the Top of the Atmosphere and Earth's Surface (Grandes diferenças no forçamento de aerossóis tropicais no topo da atmosfera e na superfície da Terra). *Nature*, **405**, 60-63.
Schiermeier, Q. (2004). A Rising Tide. *Nature*, **428**, 114-15.
Schiermeier, Q. (2010). Os verdadeiros buracos na ciência do clima. *Nature,* **463**, 28487. [doi:10.1038/463284a].
Schlesinger, M.E. (1984). Climate Model Simulations of CO2-Induced Climatic Change. *Advances in Geophysics*, **26**, 141-235.
. Schneider, S.H. (2004). Abrupt Non-Linear Climate Change, Irreversibility and Surprise [Mudanças Climáticas Abruptas Não-Lineares, Irreversibilidade e Surpresa]. *Global Environmental Change*, **14**, 245-58.
. Schneider, S.H., e Mass, C. (1975). Volcanic Dust, Sunspots, and Temperature Trends (Poeira Vulcânica, Manchas Solares e Tendências de Temperatura). *Science*, **190**, 741-746.
Schrope, M. (2000). Problemas na estufa. *Nature*, **407**, 10-12.
. Schuster, U., e Watson, A.J. (2007). A Variable and Decreasing Sink for Atmospheric CO2 in the North Atlantic. *Journal of Geophysical Research*, **112**, C11006. [doi:10.1029/2006JC003941].
Schuur, E.A.G., e Abbott, B. (2011). Climate Change: High Risk of Permafrost Thaw. *Nature*, **480**, 32-33. [doi:10.1038/480032a].
Severinghaus, J.P. (2009). Serra do Sul vista. *Nature*, **457**, 1093-94.
. Shackleton, N.J. (2000). The 100000-Year Ice-Age Cycle Identified and Found to Lag Temperature, Carbon Dioxide and Orbital Eccentricity. *Science*, **289**, 1897-1902.
Shakun, J.D., e Carlson, A.E. (2010). A Global Perspective on Last Glacial Maximum to Holocene Climate Change [Uma Perspetiva Global do Último Máximo Glacial às Alterações Climáticas do Holocénico]. *Quaternary Science Reviews*, **30**, 116. [doi:10.1016/j.quascirev.2010.03.016].
. Sigman, D.M., e Boyle, E.A. (2000). Glacial/Interglacial Variations in Atmospheric Carbon Dioxide (Variações Glaciais/Interglaciais no Dióxido de Carbono Atmosférico). *Nature*, **407**, 859-69.
. Simmons, A.J., Willett, K.M., Jones, P.D., Thorne, P.W., e Dee, D.P. (2010). Variações de Baixa Frequência na Humidade Atmosférica à Superfície, Temperatura e Precipitação: Inferences from Reanalyses and Monthly Gridded Observational Data Sets. *Journal of*

Geophysical Research, **115**, D1 [doi: 10.1029/2009JD012442].
. Singer, S. F. (2008). *Nature, not Human Activity, Rules the Climate [A Natureza, e não a Atividade Humana, Rege o Clima]: Summary for policymakers of the report of the Nongovernmental International Panel on Climate* Change [*Resumo para decisores políticos do relatório do Painel Internacional Não Governamental sobre* Alterações *Climáticas*]. Chicago: The Heartland Institute.
. Singer, S.F. (2001). *Hot Talk, Cold Science: Global Warming's Unfinished Debate.* Oakland, CA: The Independent Institute.
Singer, S.F., e Avery, D.T. (2007). *Unstoppable Global Warming: Every 1,500 Years.* Lanham, MD: Rowman & Littlefield.
. Skinner, L. (2012). A Long View on Climate Sensitivity [Uma visão longa da sensibilidade climática]. *Science*, **337**, 917-18. [doi:10.1126/science.1224011].
. Smith, T.M., Reynolds, R.W., Peterson, T.C., e Lawrimore, J. (2008). Improvements to NOAA's Historical Merged Land-Ocean Surface Temperature Analysis (1880-2006). *Journal of Climate*, **21**, 2283-2296. [doi: 10.1175/2007JCLI2100.1].
. Soon, W., e Baliunas, S. (2003). Proxy Climatic and Environmental Changes ofthe Past 1000 Years. *Climate Research*, **23**, 89-110.
Sriver, R.L. (2010). Ciclones tropicais na mistura. *Nature*, **463**, 1032-33.
Stanhill, G. (2001). The Growth of Climate Change Science: A Scientometric Study. *Climatic Change*, **48**, 515-24.
Stanhill, G. (2007). Uma Perspetiva sobre o Aquecimento Global, Escurecimento e Iluminação. *Eos, Transactions of the American Geophysical Union*, **88**,58.
. Stern, Nicholas (2006). *The Economics of Climate Change: The Stern Review,* Cambridge: Cambridge University Press.
. Stevens, B., e Bony, S. (2013). O que é que os modelos climáticos estão a perder? *Science*, **340**, 1053-1054. [doi:10.1126/science.1237554].
. Stevens, B., e Feingold, G. (2009). Untangling Aerosol Effects on Clouds and Precipitation in a Buffered System (Desvendar os efeitos dos aerossóis nas nuvens e na precipitação num sistema tamponado). *Nature*, **461**, 607-13.
[doi:10.1038/nature08281].
. Stocker, T.F., e Johnsen, S.J. (2003). Um modelo termodinâmico mínimo para a gangorra bipolar. *Paleoceanography*,**18**, 1087.
[doi:10.1029/2003PA000920].
. Stokstad, E. (2004). Three Degrees of Consensus (Três Graus de Consenso). *Science*, **305**, 932-33.
. Suess, H.E. (1954). Natural Radiocarbon Measurements by Acetylene Counting. *Science,* **120**, 5-7.
Thomas, W. (2014). Agendas de pesquisa em estudos climáticos: O caso da investigação do manto de gelo da Antárctida Ocidental. *Climatic Change*,**122**, 299-311.
[doi:10.1007/s10584-013-0981-3].
Thompson, D.W.J., e Solomon, S. (2005). Recent Stratospheric Climate Trends as Evidenced in Radiosonde Data: Global Structure and Tropospheric Linkages. *Journal of Climate*, **18**, 4785-95.
Thompson, W.G., e Goldstein, S.L. (2005). Open System Coral Ages Reveal Persistent Suborbital Sea-Level Cycles. *Science,* **308**, 401-404.
[doi:10.1126/science.1104035].
Tinsley, B.A. (2000). Influência do vento solar no circuito elétrico global e efeitos inferidos na microfísica, temperatura e dinâmica das nuvens na troposfera. *SpaceScience Reviews*,**94**, 231-58.
[doi:10.1023/A:1026775408875].
Toggweiler, J.R., e Russell, J. (2008). Ocean Circulation in a Warming Climate (Circulação oceânica num clima em aquecimento). *Nature*, **451**, 286-88. [doi:10.1038/nature06590].
Tollefson, J. (2009). Instant Climate Model Gears Up. *Nature*, **461**, 581.
Tollefson, J. (2014). Climate Change: O caso do calor que falta. *Nature*, **505**, 276-78.
[doi:10.1038/505276a].
Toon, O.B. (2000). Como a poluição suprime a chuva. *Science*, **287**, 1763-66.
Trenberth, K.E. (2005). Uncertainty in Hurricanes and Global Warming (Incerteza nos Furacões

e no Aquecimento Global). *Science*, **308**, 1753-54. [doi:10.1126/science.1112551].
Truffer, M., e Fahnestock, M. (2007). Rethinking Ice Sheet Time Scales. *Science*,**315**, 1508-10. [doi:10.1126/science.1140469].
van Loon, H., e Shea, D. (2000). O sinal solar global de 11 anos em julho-agosto. *Geophysical Research Letters*, **27**, 2965-68.
. Vaughan, D.G. (2008). West Antarctic Ice Sheet Collapse - the Fall and Rise of a Paradigm (Colapso do manto de gelo da Antárctida Ocidental - a queda e a ascensão de um paradigma). *Climatic Change*, **91**, 65-79. [doi:10.1007/s10584-008-9448-3].
. Vaughan, D.G., e Arthern, R. (2007). Why Is It Hard to Predict the Future of Ice Sheets? *Science*, **315**, 1503-04. [doi:10.1126/science.1141111].
. Victor, D.G. (2001). *The Collapse of the Kyoto Protocol and the Struggle to Slow Global Warming [O Colapso do Protocolo de Quioto e a Luta para Abrandar o Aquecimento Global*]. Princeton, NJ: Princeton University Press.
Wang, X., e Key, J. (2003). Recent Trends in Arctic Surface, Cloud, and Radiation Properties from Space (Tendências recentes nas propriedades da superfície, das nuvens e da radiação do Ártico a partir do espaço). *Science*, **299**, 1725-28.
. Ward, P.D., e Brownlee, D. (2000). *Terra Rara. Why Complex Life Is Uncommon in the Universe*. NewYork: Copernicus.
. Weaver, A.J., e Hillaire-Marcel, C. (2004). Global Warming and the Next Ice Age (Aquecimento Global e a Próxima Idade do Gelo). *Science*, **304**, 400-402.
. Weber, E.U. (2006). Experience-Based and Description-Based Perceptions of Long-Term Risk: Why Global Warming Does Not Scare Us (yet). *Climactic Change*, **77**: 103-20. [doi:10.1007/s10584-006-9060-3].
Weitzman, M.L. (2009). On Modeling and Interpreting the Economics of Catastrophic Climate Change [Sobre a modelação e interpretação da economia das alterações climáticas catastróficas]. *Review of Economics and Statistics*,**91**, 1-19. [doi:10.1162/rest.91.1.1].
. White, W.B. (2006). Response of Tropical Global Ocean Temperature to the Sun's Quasi-Decadal UV Radiative Forcing of the Stratosphere. *J. Geophysical Research*, **111**, C09020. [doi:10.1029/2004JC002552].
. Wigley, T.M.L. (2005). The Climate Change Commitment (O Compromisso para as Alterações Climáticas). *Science*, **307**,176669.
. Wild, M. (2009). Global Dimming and Brightening: A Review. *Journal of Geophysical Research*, **114**, D00D16. [doi:10.1029/2008JD011470].
Willson, R.C., e Mordvinov, A.V. (2003). Tendência Secular da Irradiância Solar Total durante os Ciclos Solares 21-23. *Geophysical Research Letters*, **30**, 11991202.
. Wilson, K.M. (2000). Drought, Debate, andUncertainty: Measuring Reporters' Knowledge and Ignorance about Climate Change. *Public Understanding of Science*, **9**, 1-13.
Wilson, R.C.L., Drury, S.A., e Chapman, J.L. (2000). *The Great Ice Age*. Oxford: Routledge.
. Witze, A. (2006). Tempers Flare at Hurricane Meeting. *Nature*, **441**, 11.
. Wolf, J., e Moser, S.C. (2011). Individual Understandings, Perceptions, and Engagement with Climate Change: Insights from in-Depth Studies across the World. *Wiley Interdisciplinary Reviews: Climate Change*, **2**, 547-69. [doi:10.1002/wcc.120].
. Wunsch, C. (2004). Quantitative Estimate of the Milankovitch-Forced Contribution to Observed Quaternary Climate Change (Estimativa quantitativa da contribuição forçada por Milankovitch para as alterações climáticas observadas no Quaternário). *Quaternary Science Reviews*, **23**, 1001-12.
. Zahn, R. (2009). Alterações climáticas: Para além da ligação com o CO2. *Nature*, **460**, 335-36. [doi:10.1038/460335a].
Zeng, N. (2003). Seca no Sahel. *Science*, **302**, 999-1000.
Zeng, X. (2010). Qual é o efeito da atmosfera na temperatura da superfície da Terra? *Eos, Transactions of the American Geophysical Union*, **91**, 13435.
Zhang, J. (2007). Increasing Antarctic Sea Ice under Warming Atmospheric and Oceanic Conditions (Aumento do Gelo do Mar Antártico sob Condições Atmosféricas e Oceânicas de Aquecimento). *Journal of Climate* ,**20**, 2515-29.
[doi:10.1175/JCLI4136.1].
Zhang, X., Sorteberg, A., Zhang, J., Gerdes, R., e Comiso, J. C. (2008). Recent Radical Shifts of Atmospheric Circulations and Rapid Changes in Arctic Climate System (Mudanças Radicais

Recentes das Circulações Atmosféricas e Mudanças Rápidas no Sistema Climático do Ártico). *Geophysical Research Letters*, **35**, L22701 [doi: 10.1029/2008GL035607].
. Zielinski, S. (2007). IPCC: How It Happens. *Eos, Transactions of the American Geophysical Union*, **88**, 210.

MIX
Papier aus verantwortungsvollen Quellen
Paper from responsible sources
FSC® C105338

Printed by Books on Demand GmbH, Norderstedt / Germany

Ashutosh Mishra

Alterações climáticas: Mito ou realidade